广东省特色专业和教学团队建设丛书

大学物理实验

主　编　李固强　刘贵昂　梁　枫

北京邮电大学出版社
·北京·

内容简介

全书除了绪论部分以外，还包含四章内容和附录。绪论部分介绍了物理实验的特点和重要性，以及物理实验课程的教学目标、任务和要求；第一章为误差理论和数据处理基本方法；第二至第四章分别为力热学、电磁学和光学实验项目，在第三、第四章的前面部分还分别介绍了一些实验基本知识和方法。为了拓展学生知识、提高学生应对和解决问题的能力，在大部分项目中编入了注意事项、自主学习、实验设计与探究以及思考题等内容，这是本书的特点之一。在部分项目中编入的“知识链接与延伸”则是本书的亮点与特色。书末附录列出了1901—2015年诺贝尔物理学奖目录。

图书在版编目(CIP)数据

大学物理实验 / 李固强，刘贵昂，梁枫主编. --北京：北京邮电大学出版社，2016.6
ISBN 978-7-5635-4728-9

Ⅰ.①大… Ⅱ.①李… ②刘… ③梁… Ⅲ.①物理学—实验—高等学校—教材 Ⅳ.①O4-33

中国版本图书馆CIP数据核字(2016)第067738号

书　　名 大学物理实验
主　　编 李固强　刘贵昂　梁　枫
责任编辑 韩　霞
出版发行 北京邮电大学出版社
社　　址 北京市海淀区西土城路10号(100876)
电话传真 010-82333010　62282185(发行部)　010-82333009　62283578(传真)
网　　址 www.buptpress3.com
电子信箱 ctrd@buptpress.com
经　　销 各地新华书店
印　　刷 北京泽宇印刷有限公司
开　　本 787 mm×960 mm　1/16
印　　张 13
字　　数 267千字
版　　次 2016年6月第1版　2016年6月第1次印刷

ISBN 978-7-5635-4728-9　　定价：35.00元

如有质量问题请与发行部联系

前　　言

本书是根据国家教委颁发的《非物理类理工科大学物理实验课程教学基本要求》，结合物理实验室常用仪器设备的实际情况，在总结多年教学实践的基础上编写而成。

全书除了绪论部分以外，还包含四章内容。绪论部分介绍了物理实验的特点和重要性，以及物理实验课程的目标、任务和要求等。第一章为误差理论和数据处理基本方法。第二至第四章分别为力热学、电磁学和光学实验项目，其中个别项目为综合性实验或仿真实验。在第三、第四章的前面部分还分别介绍了一些实验基本知识和方法。

在编写过程中力求做到：实验目的明确具体，实验原理言简意赅，实验内容和步骤细致详尽，实验图表清晰好用。为了拓展学生知识、提高学生应对和解决问题的能力，在大部分项目中编入了注意事项、自主学习、实验设计与探究以及思考题等内容，这是本书的特点之一；在部分项目中编入的"知识链接与延伸"则是本书的亮点与特色。

本教材由李固强、刘贵昂、梁枫主编。本书编入的实验项目汇聚了岭南师范学院（原湛江师范学院）物理系所有教师和实验员多年的教学经验和体会，也包含着所有曾在物理系和物理实验室工作过的同志的贡献。

编　者

目　录

绪　论

一、物理实验在物理学发展史上的重要性

物理学是自然科学的基础，是当代科学技术的前沿，它的发展与突破总是标志着人类征服自然界的新的里程碑。物理学是建立在实验基础上的实验科学。无论是物理概念的建立还是物理规律的发现都必须以严格的科学实验为基础，并通过科学实验来证实。整个物理学的发展过程经历了积累和变革的交替发展过程，不论在哪一个阶段，物理实验都起着重要的作用。16 世纪意大利物理学家伽利略首先把科学实验方法引入到物理学研究中来，从而使物理学走上真正的科学道路。在他所设计的斜面实验中，有意识地忽略了空气阻力，以便抓住主要问题:改变斜面倾角(变更实验条件)，观测实验结果的变化。在此基础上，他还运用推理概括的方法，得出了超越实验本身的更为普遍的规律:物体在光滑水平面上的运动是等速直线运动;各种物体沿铅直方向自由下落均作等加速直线运动，且具有相同的加速度。伽利略的这种丰富的实验思想和实验方法对当今的物理实验仍有着重要的启示。17 世纪，牛顿正是在伽利略、开普勒工作的基础上，建立了完整的经典力学理论。电磁学研究的真正开创人是卡文迪许和库仑，他们用自己试制出的各种测量仪器对静电现象进行定量测量，在 1785 年总结出了电磁理论的基础——库仑定律。电与磁之间相互联系的突破性实验是奥斯特在 1820 年发现的，他在一次课堂教学中，观察到通电导线会引起附近小磁针的偏转，这个实验轰动了整个欧洲。接着安培设计研究了通电导线之间的相互作用，并在 1822 年建立了安培定律。既然电能产生磁，磁能否产生电呢?理所当然是当时很多科学家的研究课题。其中法拉第进行了十年之久的实验研究，终于在 1831 年首次发现了电磁感应现象，总结出了电磁感应定律，并建立了场的概念。麦克斯韦将电磁现象统一成完整的电磁场理论，且预言了电磁波的存在，并指出光也是一种电磁波，这是物理学史上一次重大的变革。但这只是一种假说，问题的焦点又回到了实验。1878 年夏季在柏林大学任教的亥姆霍兹向他的学生们提出一个物理竞赛题，希望有人用实验来验证电磁波的存在。这一实验课题终于由他的学生赫兹在九年之后完成了，使电磁场理论的地位得以确立。

物理学中的任何理论都必须由实验来验证，正确的就会得到发展，错误的就会被摒弃。如在对光的本性的认识中，牛顿倡导的微粒说和惠更斯主张的波动说进行了长期争论，最后托马斯·杨在1800年发表了双缝干涉实验，才使波动说得以确认。由于光电效应实验揭示了光的粒子性，人们又认识到光具有波粒二象性。19世纪初，多数物理学家对光和电磁波的传播不需要媒质的观点是不能接受的，因此假设宇宙空间存在着一种称之为“以太”的媒质，它具有许多异常而又不合理的特性。正是在这种情况下，1887年迈克耳孙和莫雷合作，用干涉仪进行了有名的“以太风”实验，从而否定了“以太”的存在。在物理学发展过程中，常常出现由于旧理论不能解释新的实验现象，从而促使新理论的诞生。比如，19世纪以来，对黑体辐射、电磁波能量的测量，人们就找不到适当理论来解释，直到普朗克提出量子化的观点，圆满地解释了实验结果，这就是量子理论的开端。又如赫兹在电磁波存在的实验中，还发现了光电效应现象，电磁波理论却不能解释它，这就促使爱因斯坦提出了光量子假说。当代获得诺贝尔物理学奖的成果均是物理学中划时代的、里程碑级的重大发现和发明。从1901年第一次授奖至今已有百余年的历史，有近150名获奖者。其中因物理实验方面的伟大发现或发明而获奖的占三分之二以上。如1901年，首届诺贝尔物理学奖得主德国人伦琴因发现X射线而获奖。著名的美籍华人杨振宁、李政道于1956年发现在弱相互作用下没有任何实验能说明宇称守恒，这一学说当时震惊了世界物理学界。以世界著名的物理大师朗道、泡里为代表的反对派公开反对这一学说，然而另一位美籍华人吴健雄率领的课题组于1956年完成的C_0^{60}衰变实验结果显示：弱相互作用下宇称不守恒。从而杨振宁和李政道于第二年即1957年获得诺贝尔物理学奖，而爱因斯坦的具有划时代意义的相对论却没有获得这次诺贝尔奖。究其根本原因是当时这一理论缺乏实验支持。随着实验技术的提高和完善，经过1959年“光谱线的引力红移”实验及1964年“雷达回波延迟”实验的完成，相对论才最终被人们接受。伟大的物理学家爱因斯坦在1921年因光电效应定律的发现而获得诺贝尔物理学奖。这些历史事实雄辩地说明了物理实验结果在物理学概念的提出、理论规律的确立及被公认的过程中所占的重要地位和所起的关键作用。可以毫不夸张地说，没有物理实验就没有物理学的发展。正是由于实验手段的不断进步、仪器精度的不断提高、实验设计思想的巧妙创新等，才使得人类在认识自然界的历程中不断探索、发现，进而攀登上更高的高峰。

现在，物理实验的方法、思想、仪器和技术已经被普遍地应用在从物理学中不断分化出的新分支（如粒子物理、原子核物理、原子分子物理、凝聚态物理、激光物理、电子物理、等离子体物理等），以及从物理学和其他学科的交叉中生长出来的众多交叉学科（如天体物理、地球物理、化学物理、生物物理等）和各自然科学领域，是推动科学技术发展的有力工具。计量、激光、半导体、大规模集成电路、电子学、真空等技术无一不与物理实验有着直接或间接的联系。因有赫兹的电磁波实验，才导致了马可尼和波波夫无线电的发明；没有1909年卢瑟福的α粒子散射实验，就不可能有40年后核能的利用；单一波长激光器的问世带来巨大的技术变革;半导体的实验结果引起大规模集成电路和计算机技术的出现;霍尔效应的实验结果产生大量以此效应为基础的新元件和新产品。当然,强调实验的重要性,绝不意味着轻视理论。特别是物理学发展到现在,用已经确立的理论来指导实验向新的未来领域探索,就显得更加重要。比如,只有1917年爱因斯坦提出了受激发射理论,才可能有1960年第一台激光器的诞生。又如1895年伦琴在实验中发现了新的电磁辐射,被称为X射线,X射线的发现进一步推动了气体中电传导的研究。汤姆孙提出了被X射线照射的气体具有导电性是由于气体因分子电离而带有电荷,这给洛伦兹创立电子论提供了实验基础;而电子理论又给Zeeman效应,即光谱线在磁场中会分裂这一事实以理论解释。这一连串的事实展示了物理实验和理论之间的密切关系和相互激励而共同推进物理学发展的进程。因此任何轻视实验或轻视理论的想法都是错误的。

二、物理实验课的教学目的和任务

普通物理实验是对高等学校学生进行科学实验基本训练的一门独立的必修课程,是学生进入大学后受到系统的实验方法和实验技能训练的开端,是理工等各专业学生学习后续实验课程的重要基础。

本课程的教学目的和任务如下。

(1) 通过对实验现象的观察、分析和对某些物理量的测量,学习和掌握基本的物理实验方法,加深对物理原理的理解。

(2) 培养学生科学实验的能力、分析判断能力和创新能力。

① 能够通过阅读教材、对照仪器阅读使用说明书,独立做好实验前的准备工作;

② 能够对实验现象作出初步的分析判断;

③ 能够正确记录和处理实验数据、绘制图线、说明结果,撰写出有见解的实验报告;

④ 能够完成简单的设计性实验。

(3) 培养与提高学生的科学素质,即严肃认真的工作作风、实事求是的科学态度、遵守纪律及爱护公共财产的优良品德、主动探索和勇于创新的开拓精神。

三、物理实验课的基本教学环节和要求

物理实验是学生在教师指导下独立进行实验的一种实践活动。实验课的教学安排不可能像书本教学那样使所有的学生按照同样的内容以同一进度进行,教学方式主要是学生自己动手完成实验规定的任务,教师只是在关键的地方给予提示和指导。因此学习物理实验就要求学生花比较多的工夫,作较强的独立工作能力训练。学好物理实验课的关键,在于把握住下列三个基本教学环节。

1. 实验预习

预习至关重要，它决定着实验取得主动和收获的大小。为此，学生在实验前必须了解实验的全貌。要认真阅读实验教材，明确该实验的目的要求、实验原理、待测物理量及其测量方法；并对所用仪器的构造原理、操作方法和注意事项做到心中有数。在此基础上书写预习报告。预习报告的内容主要包括以下几方面：实验名称、实验目的、原理摘要（包括主要原理公式、各物理量的物理含义和有关测量条件，电磁学实验应绘出电路原理图、光学实验应绘出光路图等）、主要仪器设备、实验步骤、数据记录表格。上课时，指导教师检查学生的预习情况，对于没有预习和未完成预习报告的学生，指导教师有权停止该生本次实验。

2. 实验操作

实验操作是实验的主要内容。学生进入实验室后首先对所使用的仪器设备进行检查，看其是否完备、齐全，如有问题，应向指导教师提出解决；并将主要仪器的名称、型号、规格和编号记录下来。实验时应遵守实验室规章制度，仔细阅读仪器说明书或有关仪器使用的注意事项，在教师指导下正确地组装和调试仪器；不要盲目操作、急于求成。实验时要先观察实验现象后进行精确测量。做好实验记录是科学实验的一项基本功。在观察、测量时，要做到正确读数，用钢笔或圆珠笔将原始数据如实记录在事先准备好的表格中。原始数据要做到整洁而有条理，以便于计算和复核。如确实记错，应轻轻划上一道，在旁边写上正确值，使正误数据都能清晰可辨，以供在分析测量结果和不确定度时参考。实验中遇到故障时要积极思考，在教师指导下学习排除故障的方法。实验结束前，将实验数据提交教师审阅、认可签字后，才可整理还原仪器并离开实验室。

3. 实验报告

实验后要对实验数据及时处理并撰写出一份简洁明了、工整、有见解的实验报告。其目的是为了培养和训练学生书面形式总结工作或报告科学成果的能力。撰写实验报告是物理实验基本功训练的重要组成部分。实验报告应该做到字迹清楚、文理通顺、图表正确、数据完备和结论明确。报告应给人以清晰的思路、见解和新的启迪。一般要用统一的实验报告纸书写，除填写实验名称、日期、姓名等项外，一般还包括以下几个部分：实验目的、实验原理（在理解实验原理的基础上，用自己的语言简要叙述有关物理内容。一般应写出测量中所依据的主要公式，式中各量的物理含义及单位，公式成立所应满足的实验条件。必要时画出电路图或光路图）、主要仪器设备、实验步骤（根据实际的实验过程写明关键步骤和安全注意要点）、实验数据与数据处理（以列表形式来反映完整而清晰的原始测量数据。数据处理是对原始数据整理的过程，数据处理过程包括计算、作图、不确定度分析等。计算要有计算式，代入的数据都要有根据，既让别人看懂，也便于自己检查。作图要按作图规则，图线要规矩、美观。最后给出实验结果）、小结或讨论（内容不限，可以是对实验中观察到的现象进行分析，对结果和误差原因进行分析，对实验中的关键问题或感兴趣的问题的研究讨论，也可解答思考题，提出收获或建议等)。

四、怎样学好、做好物理实验

物理实验是一门实践性课程，学生通过自己独立的实验实践来增长知识和提高能力。

1. 要注意掌握基本的实验方法和测量技术

基本的实验方法和测量技术在实际工作中会经常遇到，并且是复杂方法和技术的基础。学习时不但要搞清它们的基本道理，还应该逐步地熟悉和掌握它们，且能运用这些方法和技术设计一些简单的实验。任何实验方法和测量技术都有着它应用的条件、优缺点和局限性，只有亲自做了一定数量的实验后，才会对这些条件、优缺点和局限性有切身的体会。虽然方法和手段会随着科学技术和工业生产的进步而不断改进，但历史积累的方法仍是人类知识宝库精华的一部分，有了积累才能有创新，因此，从一开始就应十分重视实验方法知识的积累。

2. 要有意识地培养良好的实验习惯

学生进入实验室要遵守实验室操作规程和安全规则。在开始做实验之前，应当先认真阅读实验教材和有关仪器资料，这样学生才有可能对将要做的实验工作有具体而清楚的了解；在实验过程中要求认真并重视观察实验现象，一丝不苟地记录实验数据。要求记录数据要原始、完整、全面、清楚，要有必要的说明注释等。这样，学生才有可能在需要时随时查阅这些记录，从而在处理数据、分析结果时，有足够的第一手资料。在实验过程中，注意记录实验的环境条件(如室温、气压、湿度、仪表名称、规格、量程和精度等)，注意实验仪器在安置和使用上的要求和特点，还要注意纠正自己不正确的操作习惯和姿势。需要两人合作时，要密切配合。良好的习惯需要经过很多次实验后的总结、反思和回顾以后才能形成。而良好的实验习惯，对保证实验的正常进行，确保实验中的安全，防止差错的发生，都有很好的作用。无数实践证明，良好习惯的养成，只有在实验的过程中有意识地去锻炼自己才行。

3. 要注意养成善于分析的习惯

实验中要善于捕捉和分析实验现象，力争独立排除实验中各种可能出现的故障，并锻炼自己自主发现问题、分析问题和解决问题的能力。例如，实验数据是否合理、正确？实验结果的可靠性和正确性又如何？这些问题的解决，主要依靠分析实验方法是否正确、合理？它可能引入多大的误差？实验仪器又会带来多大误差？实验环境、条件的影响又将如何？为了帮助初学者克服实验经验少、还没有掌握一整套分析实验的方法等实际情况，物理实验课往往在实验教材中安排少数已有十分确切理论结论的实验项目，使初学者便于判断实验结果的正确性。但千万不要误认为做实验的目的只是为了得到一个标准的实验结果。如果获得的实验数据与标准数据符合了就高兴，一旦有所差别，就大失所望，抱怨仪器或装置不好，甚至拼凑数据，这些表现都是不正确的，是违背科学的。事实上，任何理论公式和结论都是经过一定的理论上的抽象并被简化了的，而客观事实与实验所处的环境条件则要复杂得多，实验结果与理论公式、结论之间发生差别是必然会有的，问题是差异有多大？是否合理？不论实验结果或数据的好坏，都应养成分析的习惯。当然也不要贸然下结论。首先要检查自己的操作和读数，注意实验装置和环境条件。若操作和读数经检查正确无误，那么毛病可能出现在仪器和装置本身。小的故障、小的毛病，实验者应力求自己动手去排除。能否发现仪器装置的故障，能否及时迅速修复，正是一个人实验能力强弱的重要表现，初学者应要求自己逐步提高这方面的能力。

4. 要注意创新能力的培养

教学实验虽然是经过安排设计的，但每个实验的内容都是有弹性的，首先应完成基本内容，这既是基础，也是重点。完成基本内容后，如果时间许可，可以根据具体实验条件或创造实验条件，进一步完成其他内容。尝试去分析实验可能存在的一些问题，如使用仪器的精度、可靠性、实验条件是否已被满足？怎样给予证实？或进一步提出改进实验的建议，试做一些新的实验内容等，从而提高创新意识、增强创新能力。

第一章　测量与数据处理

§1　测　　量

一、测量和单位

一切描述物质状态与物质运动的量都是物理量。这些量都只有通过测量才能确定其结果。物理量的测量是物理实验的基本操作过程，其实质是借助一定的实验器具，通过一定的实验方法，直接或间接地将待测物理量与选作计量标准的同类物理量作定量比较。测量的结果应包括数值（度量的倍数）、单位（计量标准）以及结果可信赖的程度（用不确定度来表示）。物理量的计量标准单位采用中华人民共和国法定计量单位，即国际单位制。国际单位制是 1971 年第十四届国际计量大会确定的，它规定了七个基本单位：长度——米（m）、质量——千克（kg）、时间——秒（s）、电流——安培（A）、热力学温度——开尔文（K）、物质的量——摩尔（mol）和发光强度——坎德拉（cd），还规定了两个辅助单位：平面角——弧度（rad）和立体角——球面度（sr）。其他一切物理量的单位都可以由这些基本单位和辅助单位导出，如体积单位（m^3）、密度单位（kg/m^3）等，统称为国际单位制的导出单位。

二、直接测量和间接测量

测量分为直接测量和间接测量。直接测量是指将待测物理量直接与计量标准（量具或仪表）进行比较，直接得到数据的方法；相应的物理量称为直接测量量。例如，用米尺测量长度，用天平测量质量，用欧姆表测量电阻等。直接测量是测量的基础。直接测量按测量次数分为单次测量和多次测量。

单次测量:只测量一次的测量称为单次测量。主要用于测量精度要求不高、测量比较困难或测量过程带来的误差远远大于仪器误差的测量中。如在测杨氏弹性模量实验中,测钢丝长度可用单次测量。

多次测量:测量次数超过一次的测量称为多次测量。多次测量分为等精度测量和不等精度测量。

有些物理量不能用仪器或量具直接测得,而需先通过与待测量相关的一个或几个物理量的直接测量,再依据它们之间的函数关系计算出待测物理量,这种测量称为间接测量;相应的物理量就是间接测量量。例如,先直接测得圆柱体的高 H 和直径 D,再根据 $V=\pi D^2 H/4$计算出体积,圆柱体体积的测量就是间接测量,圆柱体体积就是间接测量量。

值得注意的是:有的物理量既可以直接测量,也可以间接测量,这主要取决于使用的仪器和测量方法。随着测量技术的发展,用于直接测量的仪器越来越多。但在物理实验中,有许多物理量仍需要间接测量。

三、等精度测量与不等精度测量

如果对某物理量进行多次重复测量,而每次的测量条件都相同(同一观测者,用同一组仪器、同一方法、在同一环境下),测得一组数据分别为 $x_1, x_2, \cdots, x_n$。尽管各测量值可能不相等,但没有理由认为哪一次(或几次)的测量值更可靠或更不可靠,只能认为每次测量的可靠程度都相同,这些测量称为等精度测量;相应的这组测量值称为等精度测量列(简称测量列)。在所有的测量条件中,只要有一个发生变化,这时所进行的测量即为不等精度测量。实际上,一切物质都在运动中,没有绝对不变的人和事物,只要其变化对实验的影响很小甚至可以忽略,就可以认为是等精度测量。以后说到对一个物理量的多次测量,如无另加说明,都是指等精度测量,应尽可能保持等精度测量条件不变。

§2　误差与误差处理

一、真值与误差

任何一个物理量，在一定的条件下，都具有确定的量值，这是客观存在的，这个客观存在的量值称为该物理量的真值。测量的目的就是要力图得到被测量物理量的真值。我们把测量值与真值之差称为测量的绝对误差。设被测量的真值为 x_0，测量值为 x，则绝对误差 ε 为

$$\varepsilon = x - x_0 \tag{1-2-1}$$

由于误差不可避免，所以没有误差的测量结果是不存在的。测量误差存在于一切测量之中，贯穿于测量过程的始终。随着科学技术水平的不断提高，测量误差可以被控制得越来越小，但是却永远不会降低到零。

二、最佳值与偏差

在实际测量中，为了减少误差，常常对物理量 x 作 n 次等精度测量，得到包含 n 个测量值 $x_1, x_2, \cdots, x_n$ 的一个测量列。由于是等精度测量，我们无法断定哪个值更可靠。上述各测量值的算术平均值为

$$\overline{x} = \frac{1}{n}\sum_{i=1}^{n} x_i \tag{1-2-2}$$

根据概率论知识可以证明，算术平均值比任一个测量值的可靠性都要高，是最可以信赖的，称为最佳值，也称期望值。我们把测量值与算术平均值之差称为偏差，即

$$v_i = x_i - \overline{x} \tag{1-2-3}$$

三、误差分类

测量误差按其产生的原因和性质可分为系统误差和偶然误差两类，它们对测量结果的影响不同，对这两类误差的处理方法也不同。

1. 系统误差

在同样条件下，对同一物理量进行多次测量，其误差的大小和符号保持不变或随着测

量条件的变化而有规律地变化，这类误差称为系统误差。它的来源主要有以下几个方面。

1）方法误差

这是由于实验方法或理论不完善而导致的。例如，采用伏安法测电阻时，电表的内阻产生的误差。采用单摆的周期公式 $T=2\pi\sqrt{l/g}$ 测量周期时，摆角不能趋于零而引起的误差，这些都是方法误差。

2）仪器误差

这是由于仪器本身的固有缺陷或没有按规定条件调整到位而引起误差。例如，温度计的刻度不准，天平的两臂不等长，砝码标称质量不准确等。

3）环境误差

这是由于周围环境（如温度、压力、湿度、电磁场等）与实验要求不一致而引起的误差。例如，在 20 ℃条件下校准的仪器拿到 −20 ℃环境中使用。

4）人身误差

这是由于观测人员生理或心理特点所造成的误差。例如，记录某一信号时有滞后或超前的倾向，对准标志线读数时总是偏左或偏右、偏上或偏下等。

系统误差的特征是具有确定性。对于实验者来说，系统误差的规律及其产生原因，可能知道，也可能不知道。已被确切掌握其大小和符号的系统误差称为可定系统误差；对于大小和符号不能确切掌握的系统误差称为未定系统误差。前者一般可以在测量过程中采取措施予以消除，或在测量结果中进行修正。而后者一般难以作出修正，只能估计其取值范围。例如，仪器的示值误差（详见第 17 页）就属于未定系统误差。

2. 随机误差（偶然误差）

在同一条件下多次测量某一物理量时，即使消除了一切引起系统误差的因素，测量结果也仍然存在着误差，这种误差称为随机误差。

造成随机误差的因素是多方面的，如仪器性能和测量者感官分辨力的统计涨落，环境条件（温度、湿度、气压、气流、微震……）的微小波动，测量对象本身的不确定性（如气压、放射性物质单位时间内衰变的粒子数、小球直径或金属丝直径……），等等。

随机误差的特点是它的随机性，如果在同一条件下，对某一物理量进行多次测量，当测量次数足够大时，这些测量值将呈现出一定的统计规律性，也就是说随机误差服从一定的统计分布。

除系统误差和随机误差外，还有过失误差。凡是用测量时的客观条件不能解释为合理的那些明显歪曲测量结果的误差，均称为过失误差，也称粗差。过失误差是由于实验者操作不当或粗心大意造成的，如看错刻度、读错数字、记错单位或计算错误等。含有过失误差的测量结果称为“坏值”，被判定为坏值的测量结果应剔除不用。实验中的过失误差不属于正常测量的范畴，应该严格避免。

四、误差处理

1. 发现系统误差的方法

系统误差一般难以发现，并且不能通过多次测量来消除。人们通过长期实践和理论研究，总结出一些发现系统误差的方法。

1）理论分析法

分析实验所依据的理论和实验方法是否有不完善的地方；检查理论公式所要求的条件是否得到了满足；量具和仪器是否存在缺陷；实验环境能否使仪器正常工作以及实验人员的心理和技术素质是否存在造成系统误差的因素等。例如，实际中由于电压表内阻不等于无穷大、电流表内阻不等于零，实验中就会产生系统误差。

2）实验比对法

对同一待测物理量可以采用不同实验方法，使用不同实验仪器，以及由不同测量人员进行测量。对比、研究测量值变化的情况，可以发现系统误差的存在。

3）数据分析法

因为偶然误差是遵从统计分布规律的，所以若测量结果不服从统计规律，则说明存在系统误差。我们可以按照测量列的先后次序，把偏差列表或作图，观察其数值变化的规律。比如，前后偏差的大小是递增或递减的；偏差的数值和符号有规律地变化；在某些测量条件下，偏差均为正号或负号，条件变化以后偏差又都变化为负号或正号等情况，都可以判断存在系统误差。

2. 减少与消除系统误差的方法

实际测量中，为提高测量准确度，可以采用一些有效的测量方法来减小或消除系统误差。

1）交换法

根据系统误差产生的原因，在一次测量之后，把某些测量条件交换一下再次测量。例如，用天平两次称衡一物体质量时，第二次称衡将被测物与砝码交换。设两次称量结果分别为 m_1、m_2，则取 $m=\sqrt{m_1 m_2}$ 为最终称量结果，可以克服天平不等臂误差。

2）替代法

在测量条件不变的情况下，先测得未知量，然后再用一已知标准量取代被测物理量，而不引起指示值的改变，于是被测量就等于这个标准量。例如，在电表改装实验中测量表头内阻时，通过单刀双掷开关分别对表头和电阻箱进行同等测量，调节电阻箱阻值，保持电路总电流相同，此时电阻箱的阻值就是被测表头内阻，这样就避免了测量仪器内阻引入的误差，如图 1-2-1 所示。

3）抵消法

改变测量中的某些条件（如测量方向），使前后两次测量结果的误差符号相反，取其平均值以消除系统误差。例如，由于螺旋测微计存在空行程（螺旋旋转时，刻度变化，量杆不动），所以会产生系统误差。为此，实验时可采用正反两个旋转方向对线来消除：顺时针旋转对准标志线读数为 d，设不含系统误差时测量值为 a，空行程引起系统误差 ε，则有 $d=a+\varepsilon$；逆时针旋转对准标志线读数 d'，则有 $d'=a-\varepsilon$，于是测量值 $a=(d+d')/2$ 中不再含有系统误差。

4）零示法

零示法是在测量中将被测量与标准量进行比较，使两者的效应相互抵消而达到平衡。它可以消除指示器不准所造成的系统误差，测量的准确度只取决于标准已知量。图 1-2-2 就是用零示法测量未知电压 V_X 的电路，图中 E 是标准直流电压，R_1 与 R_2 构成标准可调分压器，G 是检流计。测量时调节分压比，使检流计 G 不发生偏转，即指示零，此时 $V=ER_2/(R_1+R_2)$ 与被测电压 V_X 恰好相等，这样就测得了被测电压的数值。

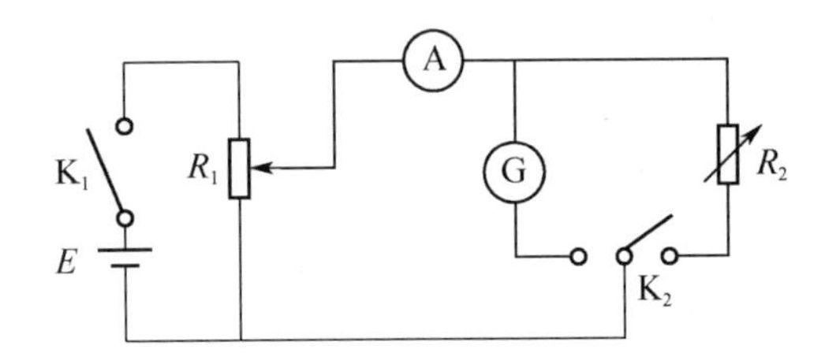

图 1-2-1　替代法测电表内阻电路图

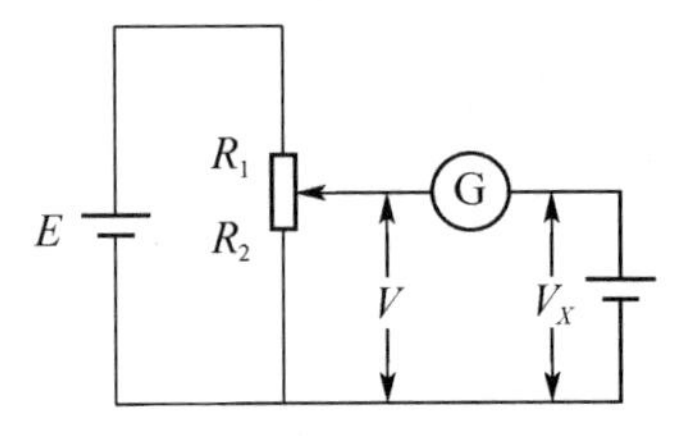

图 1-2-2　零示法测电压电路图

5）半周期法

对周期性系统误差，可以相隔半个周期进行一次测量，取两次读数的算术平均值，可有效地减小周期性系统误差。

6）对称测量法

这种方法用于消除线性变化的系统误差。下面我们通过利用电位差计和标准电阻 R_N 精确测量未知电阻 R_X 的例子来说明对称测量法的原理和测量过程。如图 1-2-3 所示，如果回路电流 I 恒定不变，只要测出 R_N 和 R_X 上的电压 U_N 和 U_X，即可得到 R_X 的值为

$$R_X=\frac{U_X}{U_N}R_N \tag{1-2-4}$$

U_N 和 U_X 的值不是在同一时刻测得的，由于电流 I 在测量过程中的缓慢下降而引入了系统误差。在这里我们把电流的变化看作是均匀地减小，与时间 t 呈线性关系，并在 t_1、t_2 和 t_3 3 个等间隔的时刻，依次测量 R_X、R_N、R_X 上的电压值。设时间间隔为 $t_2-t_1=t_3-t_2=\Delta t$，相应的电流变化量为 ε，即

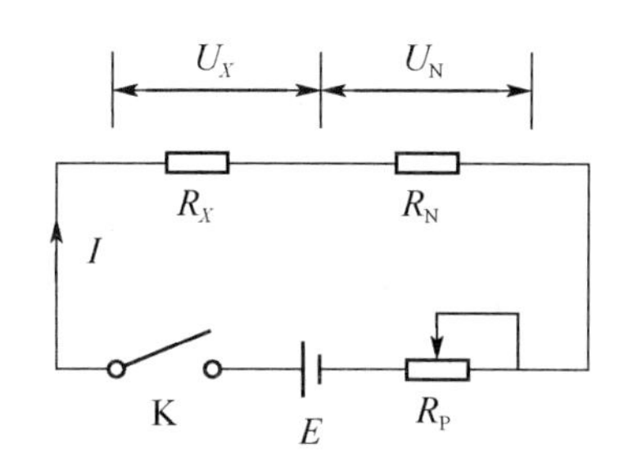

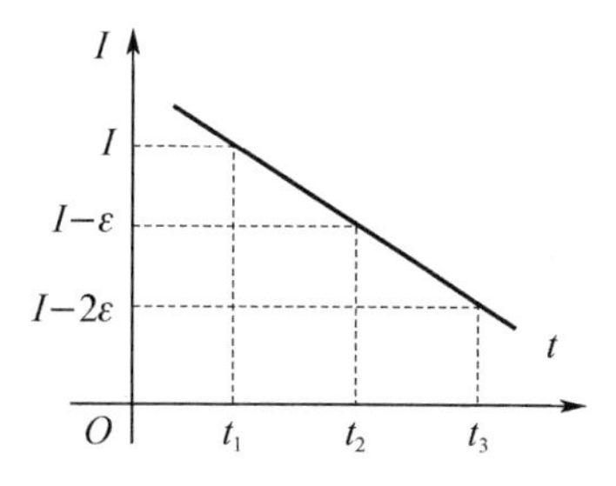

图 1-2-3　对称测量法

在 t_1 时刻　　R_X 上的电压　　$U_1=IR_X$

在 t_2 时刻　　R_N 上的电压　　$U_2=(I-\varepsilon)R_N$

在 t_3 时刻　　R_X 上的电压　　$U_3=(I-2\varepsilon)R_X$

由 3 个方程可得

$$R_X=\frac{U_1+U_3}{2U_2}R_N \tag{1-2-5}$$

这样按照等距测量法得到的 R_X 值，已不受测量过程中电流变化的影响(式中的 3 个电压值都是用 t_1 时刻的电流表示的)，消除了电流变化引起的线性系统误差。

7）补偿法

在测量过程中，由于某个条件的变化或仪器某个环节的非线性特性都可能引入变值系统误差，此时可在测量系统中采取补偿措施，自动消除系统误差。例如，在热学实验中，采用加冰降温，使系统的初温低于环境温度而吸热，以补偿在升温时的热损失。

8）修正法

对于有些零值误差，如螺旋测微计使用时间较长后产生的磨损，可引入一个修正值，在测量时进行修正。对于仪器的示值误差，可通过与高精度仪器比较，或根据理论分析导出修正值，予以修正。

3. 随机误差的正态分布

在相同的条件下，对同一物理量 x 重复进行多次测量，测量值总是在真值 x_0 的附近。越靠近 x_0 的测量值出现的概率越大，误差一般服从正态分布(也叫高斯分布)，即满足高斯方程

$$\rho(\varepsilon)=\frac{1}{\sigma\sqrt{2\pi}}e^{-\frac{\varepsilon^2}{2\sigma^2}} \qquad -\infty<\varepsilon<\infty,\sigma>0 \tag{1-2-6}$$

其中 $\varepsilon=x_i-x_0$ 为绝对误差(简称误差)，σ 称为标准误差(标准差)，是表征测得值 x_i 对其真值 x_0 分散程度的参数，其表达式为

$$\sigma(x)=\lim_{n\to\infty}\sqrt{\frac{1}{n}\sum_{i=1}^{n}(x_i-x_0)^2} \tag{1-2-7}$$

$\rho(\varepsilon)$称为误差分布的概率密度函数，其曲线如图 1-2-4 所示。

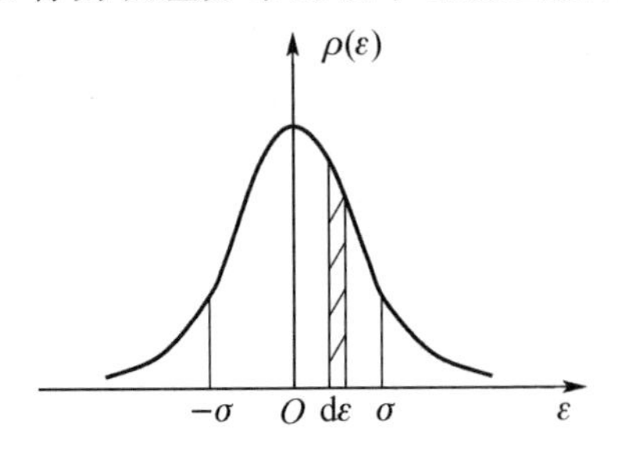

图 1-2-4　正态分布曲线图

1）随机误差的特点

对称性：在高斯方程中 ε 是以平方的形式出现的，所以对于绝对值相同而正负号相反的一对 ε，$\rho(\varepsilon)$只有一个值，即 $\rho(\varepsilon)$为偶函数，其曲线以 ρ 轴为对称轴，这表明绝对值相等的正负随机误差出现的概率相同。

单峰性：在高斯方程中，e 的指数总是负值，而 e 本身大于 1，所以 ε 的绝对值越大时，$\rho(\varepsilon)$越小；$\varepsilon=0$ 时，$\rho(\varepsilon)$最大，最大值为

$$\rho(\varepsilon)_{\max}=\frac{1}{\sigma\sqrt{2\pi}} \tag{1-2-8}$$

这表明测量中绝对值小的误差出现的概率比绝对值大的误差出现的概率大，曲线的峰值对应于期望值$\overline{x}$。

有界性：在高斯方程中随着 ε 的增大，$\rho(\varepsilon)$值减小很快，即曲线的大部分下降很陡，迅速地向 ε 轴收敛。这表明绝对值很大的误差出现的概率极小，即误差的绝对值应不超过一定的界限，通常取$|x_i-\overline{x}|$不大于 3σ。

抵偿性：在高斯方程中，既然 $\rho(\varepsilon)$是偶函数，曲线左右对称，所以误差的算术平均值随着 $n\to\infty$而趋于零，即

$$\lim_{n\to\infty}\frac{1}{n}\sum_{i=1}^{n}(x_i-x_0)=0 \tag{1-2-9}$$

它表示当 $n\to\infty$时，任何一个随机误差都可以与另一个绝对值相等、符号相反的随机误差相抵消，所有测量值的算术平均值就等于真值。

2）概率密度函数 $\rho(\varepsilon)$的物理含义

概率密度函数 $\rho(\varepsilon)$表示在误差值 ε 附近，单位误差间隔内误差出现的概率。曲线下阴影部分的面积元 $\rho(\varepsilon)\mathrm{d}\varepsilon$ 表示误差出现在$[\varepsilon,\varepsilon+\mathrm{d}\varepsilon]$区间内的概率。按照概率理论，误差 ε 出现在区间$(-\infty,\infty)$范围内是必然的，其概率为 100%。所以图 1-2-4 中曲线与横轴所包围的面积应恒等于 1，即

$$\int_{-\infty}^{\infty}\rho(\varepsilon)\mathrm{d}\varepsilon\equiv 1 \tag{1-2-10}$$

3）标准误差 σ 的物理意义

σ 是 $\rho(\varepsilon)$表示式中的参数，σ 大，表示 $\rho(\varepsilon)$曲线矮而宽，ε 的离散性显著，测量的精密度低；σ 小，表示 $\rho(\varepsilon)$曲线高而窄，ε 的离散性不显著，测量的精密度高，如图 1-2-5 所示。误差 ε 出现在区间$[-\sigma,\sigma]$的概率为

$$P_1 = \int_{-\sigma}^{\sigma} \rho(\varepsilon)\mathrm{d}\varepsilon = 0.683 = 68.3\% \tag{1-2-11}$$

这就是说,在一组测量数据中约有68.3%的数据测值误差落在区间$[-\sigma,\sigma]$之间。同样也可以认为任一个测量值的误差落在区间$[-\sigma,\sigma]$内的概率为68.3%。我们把P_1称作置信概率,$[-\sigma,\sigma]$就是68.3%的置信概率所对应的置信区间。

显然,扩大置信区间,置信概率就会提高。例如,置信区间分别为$[-2\sigma,2\sigma]$和$[-3\sigma,3\sigma]$对应的置信概率为

$$P_2 = \int_{-2\sigma}^{2\sigma} \rho(\varepsilon)\mathrm{d}\varepsilon = 95.5\% \tag{1-2-12}$$

$$P_3 = \int_{-3\sigma}^{3\sigma} \rho(\varepsilon)\mathrm{d}\varepsilon = 99.7\% \tag{1-2-13}$$

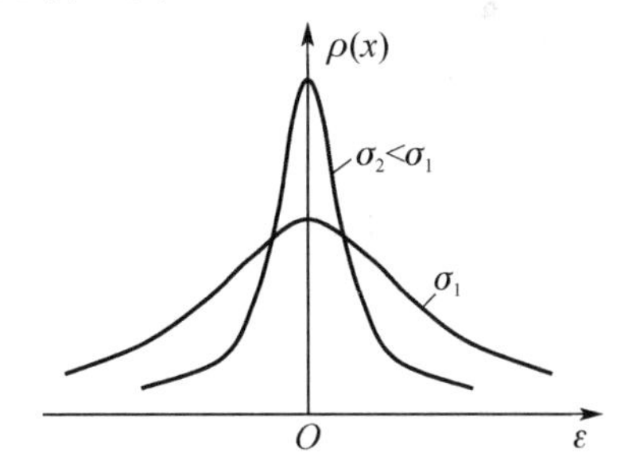

图 1-2-5 σ对$p(\varepsilon)$的影响

对于有限次数的测量来说,测值误差超出$[-3\sigma,3\sigma]$置信区间的可能性非常小,因此常将$\pm 3\sigma$称为极限误差。

4. 随机误差的估算

由于无法知道真值,因而误差ε也无法计算。但在有限次数测量中,测量值的算术平均值$\overline{x}$是接近真值的最佳值,且$n\to\infty$时,$\overline{x}\to x_0$。所以,我们可以用偏差$v_i=x_i-\overline{x}$来估算有限次数测量中的标准误差,即用实验标准差$S(x)$近似代替标准误差$\sigma(x)$。实验标准差的表达式为

$$S(x) = \sqrt{\frac{1}{n-1}\sum_{i=1}^{n} v_i^2} = \sqrt{\frac{1}{n-1}\sum_{i=1}^{n}(x_i-\overline{x})^2} \tag{1-2-14}$$

这一公式称为贝塞尔公式。

5. 平均值的实验标准差

在我们进行了有限次数测量后,可得到算术平均值$\overline{x}$。在完全相同的条件下,重复进行多次测量,会得到不尽相同的算术平均值,算术平均值本身也具有离散性。由误差理论可以证明,算术平均值的实验标准差为

$$S(\overline{x}) = \sqrt{\frac{1}{n(n-1)}\sum_{i=1}^{n}(x_i-\overline{x})^2} \tag{1-2-15}$$

由此式可以看出,平均值的实验标准差比任何一次测量的实验标准差小。增加测量次数,可以减少平均值的实验标准差,提高测量的准确度。但是,单凭测量次数的增加来提高准确度是有限的。如图1-2-6所示,当$n>10$以后,随测量次数n的增加,$S(\overline{x})$减少得很缓

慢。所以，在科学研究中测量次数一般取 10～20 次，而在物理实验教学中一般取 6～10 次。

6. 随机误差的 t 分布

测量次数趋于无穷只是一种理论情况。根据误差理论，当测量次数很少时(如少于10 次)，测量列的误差分布将明显偏离正态分布，而将服从 t 分布，也叫学生分布。t 分布曲线较正态分布曲线稍低而宽，两边较高，两者形状非常相近，如图 1-2-7 所示。实验中，先用贝塞尔公式计算测量列的实验标准差，然后用 t 分布因子对标准偏差进行修正，估算出测量列的标准差为

$$\sigma = S \times t_p \tag{1-2-16}$$

t_p 值与测量次数 n 有关，也与置信概率 P 有关，如表 1-2-1 所示。

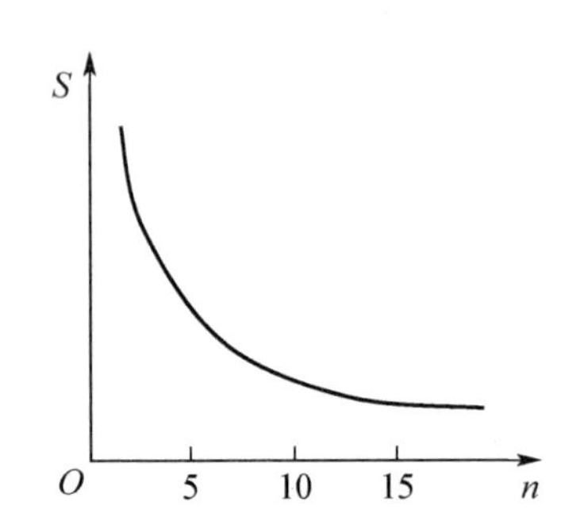

图 1-2-6　测量次数对 $S(\overline{x})$ 的影响

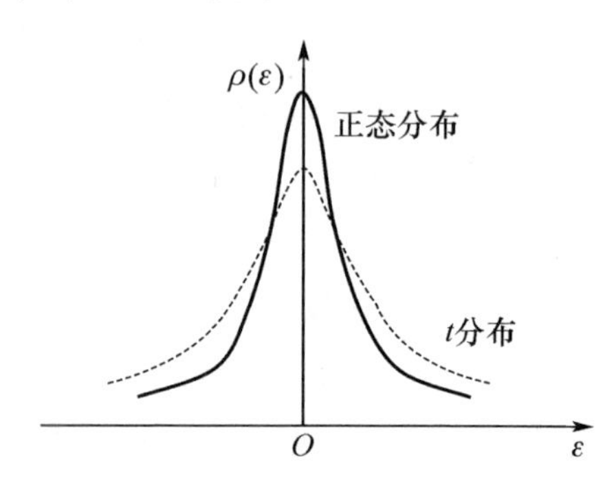

图 1-2-7　t 分布与正态分布的比较

表 1-2-1　实验中常用的 t_p 因子

P \ t_p \ n	2	3	4	5	6	7	8	9	10	20	…	∞
0.68	1.84	1.32	1.20	1.14	1.11	1.09	1.08	1.07	1.06	1.03	…	1.00
0.95	12.71	4.30	3.18	2.78	2.57	2.45	2.36	2.31	2.26	2.09	…	1.96
0.99	63.66	9.92	5.84	4.60	4.03	3.71	3.50	3.36	3.26	2.86	…	2.58

由表 1-2-1 可见，当 $P=68\%$时，t_p 因子随测量次数增加而趋向于 1，当 $n>6$ 以后，t_p 与 1 的偏离并不大。若 $n \geqslant 10$，可取 $\sigma=S$。

五、仪器误差

为了确保测量仪器测量结果的准确可靠，测量仪器必须具备必要的基本性能，如准确

度、灵敏度、重复性、稳定性、示值误差、最大允许误差等特性，这些特性既是对测量仪器的要求，也是评定测量仪器性能的主要依据。

1. 仪器准确度及准确度等级

测量仪器的准确度（精度）是指“测量仪器给出接近于真值的响应的能力”，也就是指测量仪器给出的示值（由测量仪器所指示的被测量值）接近于真值的能力，是表征测量仪器特性的最主要性能指标之一。它是一个定性的概念，为了定量反映测量仪器的准确度，人们常用到准确度等级、示值误差、最大允许误差、最大引用误差等。测量仪器的准确度通常可用准确度等级来具体表述。测量仪器的准确度等级是指：“符合一定计量要求，使误差保持在规定极限以内的测量仪器的等别、级别”，也就是按测量仪器准确度高低而划分的等别或级别，准确度等级反映了测量仪器的示值接近于真值的具体程度，也反映了测量仪器最具概括性的特性。如指示式电工仪表准确度等级分类可分为 0.1、0.2、0.5、1.0、1.5、2.5、5.0 七级，就是以该测量仪器满量程的最大引用误差来划分的。又如一等、二等标准水银温度计是以其示值的最大允许误差来划分的。所以，准确度等级实质上是以测量仪器的误差来定量表述测量仪器准确度的大小。

2. 仪器的示值误差

仪器的示值误差是指在正确使用仪器的条件下，仪器示值与被测量物理量真值之间可能产生的最大误差的绝对值。它是测量仪器最主要的计量特性之一，本质上反映了测量仪器准确度的大小，即测量仪器给出接近于真值的响应的能力。示值误差大，则其准确度低；示值误差小，则其准确度高。

仪器的示值误差，通常简称为示值误差，用 Δ_m 表示。确定测量仪器示值误差的大小，是为了判定测量仪器是否合格，并获得其示值的修正值。

仪器示值误差通常由制造工厂或计量部门使用更精确的仪器、量具，经过检定比较给出，一般写在仪器的标牌上或说明书中。有的仪器直接给出的是精度等级。仪器示值误差可以是一个定值，如游标卡尺、级别和量程一定的电表。但在有些情况下（如电磁测量中的电阻箱、电位差计等），仪器示值误差与测量值大小有关。

1）长度测量仪器

物理实验中最基本的长度测量工具是米尺、游标卡尺和螺旋测微计。游标卡尺使用前必须检查初读数，即先令游标卡尺的两钳口靠拢，检查游标的“0”线的读数，以便对测量值进行修正。我国使用的游标卡尺其分度值通常有 0.01 mm、0.02 mm 和 0.05 mm 3 种。它们不分精度等级，一般测量范围在 300 mm 以下的游标卡尺取其分度值为仪器的示值误差。螺旋测微计是一种常用的高精度量具，其精度分零级和一级两类，通常实验室使用的为一级。按国家标准 GB/T 1216—2004 规定，量程为 0～25 mm 及 25～50 mm 的一级螺旋测微计的示值误差均为 0.004 mm。

2）质量称衡仪器

物理实验中质量称衡的主要工具是物理天平。天平的感量是指天平的指针偏转一个最小分格时，秤盘上所要增加的砝码，即天平能称准的最小质量。天平的灵敏度与感量互为倒数。天平感量与最大称量之比定义为天平的级别，国家标准分为10级。

3）时间测量仪器

实验室中使用的机械式停表一般分度值为0.1 s，示值误差也为0.1 s。石英电子秒表计时的最大偏差为$\Delta_t=(0.01+5.8\times10^{-6}t)$(s)，其中$t$为计时时间。数字毫秒计的时基值分别为0.1 ms、1 ms和10 ms，其示值误差分别为0.1 ms、1 ms和10 ms。

4）温度测量仪器

实验室中常用测温仪器的测量范围和示值误差限如表1-2-2所示。

表1-2-2　温度计的测量范围与示值误差限

仪器名称	测量范围/℃	示值误差限/℃
实验室用水银-玻璃温度计	−30～300	±0.05
一等标准水银-玻璃温度计	0～100	±0.01
工业用水银-玻璃温度计	0～150	±0.5
普通温度计(水银或有机溶剂)	0～100	±1

5）电学量测量仪器

电学仪器的示值误差可通过准确度等级的有关公式给出。

(1) 旋钮式电阻箱。

电阻箱分为0.02、0.05、0.1和0.2共4个等级，等级的数值表示电阻箱内电阻器阻值相对误差的百分数。电阻箱内电阻器阻值误差与旋钮的接触电阻误差之和构成电阻箱的示值误差。即

$$\Delta_R=a\%\times R+m\sigma \tag{1-2-17}$$

其中a为准确度等级；m为所用十进位电阻箱旋钮的个数，与选用的接线柱有关；R为所用电阻值的大小；σ为盘间接触电阻的允许值，其值与a有关，如表1-2-3所示。

表1-2-3　σ与a的关系

等级a	0.02	0.05	0.1	0.2
σ/Ω	0.001	0.001	0.002	0.005

例如，常用ZX21型6旋钮电阻箱的等级为0.1，若选用电阻值为0.1 Ω，且采用99 999.9 Ω接线柱，用6个旋钮，即$m=6$，则有$\Delta_R=0.1\%\times0.1+6\times0.002=0.012\ 1\ \Omega$。可以看出此时误差主要是由旋钮的接触电阻所引起的。若采用低电阻9.0 Ω接线柱，只用一个旋钮，即$m=1$时，$\Delta_R=0.1\%\times0.1+1\times0.002=0.002\ 1\ \Omega$，这样就大大减小了误差，故合理选用低电阻的接线柱是非常重要的。

当使用的电阻值大于10 Ω时，可以直接用使用的电阻值乘以准确度等级百分数来近

似计算电阻箱的示值误差,即 $\Delta_R = a\% \times R$,这里的 R 也是所使用的电阻值而不是电阻箱的量限最大值。

(2) 电表。

根据国家标准 GB/T 776—1976《电气测量指示仪表通用技术条例》规定,电表的准确度等级 a 分为 0.1、0.2、0.5、1.0、1.5、2.5、5.0 共 7 个等级,数字越小表示电表精确度越高。仪表出厂时一般已将级别标在表盘上,由电表的准确度等级 a 与所用量程 x_m 可以计算出电表的示值误差为

$$\Delta_m = x_m \times a\% \tag{1-2-18}$$

例如,0.5 级电压表量程为 3 V 时,$\Delta_m = 3 \times 0.5\% = 0.015$ V。

(3) 电位差计。

电位差计的示值误差为

$$\Delta_U = \left(U_x + \frac{U_S}{10}\right) \times a\% \tag{1-2-19}$$

式中,a 是准确度等级;U_x 为标度盘示值,即测量值;U_S 是有效量程(最大读数)的基准值,等于该有效量程内 10 的最高整数次方。例如,87—1 型电位差计的最大标度盘示值为 17.1 V,量程因数(倍率比)为 0.1,则有效量程为 17.1 V×0.1=1.71 V,不大于 1.71 V 的最大的 10 的整数次方为 10^0 V=1.0 V,所以相应的基准值 $U_S = 10^0$ V=1.0 V。

(4) 单电桥。

单电桥示值误差可表示为

$$\Delta_R = \left(R_x + \frac{R_S}{b}\right) \times a\% \tag{1-2-20}$$

式中,a 是准确度等级;b 值一般取 10;R_x 为标度盘示值;R_S 为基准值,为该量程内最大的 10 的整数次方。具体请参看各仪器说明书或产品上所附的说明。

(5) 数字仪表。

随着科学技术的发展,电压、电流、电阻、电容和电感等数字测量仪表得到了越来越广泛的应用。大学物理实验中用到的数字仪表大多精度不太高,其示值误差可取为

$$\Delta_m = N_x \times a\% + nb \tag{1-2-21}$$

式中,a 是数字式仪表的准确度等级;N_x 是显示读数;nb 代表仪器的固定误差项,一般取最小量化单位 b 的整数倍。例如,某数字电压表的 $\Delta_U = U_x \times 0.02\% + 2b$,则固定误差项是最小量化单位的 2 倍;若取 2 V 量程时,数字显示为 1.478 6 V,最小量化单位是 0.000 1 V,于是 $\Delta_U = 1.4786 \times 0.02\% + 2 \times 0.0001 \approx 5 \times 10^{-4}$。

3. 仪器的标准误差

仪器的示值误差也同样包含系统误差和随机误差两部分。究竟哪个因素为主,要具体分析。一般级别较高的仪表主要是随机误差,级别较低的仪表主要是系统误差。实验

室常用仪表(0.5级)都有这两种误差,且数值相近。如何确定仪器的标准误差呢?它与仪器的示值误差又有什么关系?

一般仪器示值误差的概率密度函数近似服从如图1-2-8所示的均匀分布规律,在[$-\Delta_m$,Δ_m]范围内误差出现的概率相同,在[$-\Delta_m$,Δ_m]区间以外出现的概率为零。例如,回程误差、机械秒表在最小分度内不能分辨引起的误差、指零仪表判断平衡的误差等都属于均匀分布。

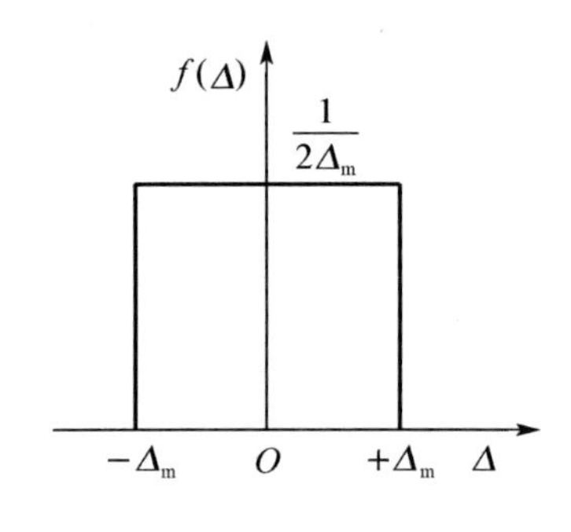

图1-2-8 均匀分布

均匀误差的概率密度函数为

$$f(\Delta)=\frac{1}{2\Delta_m} \tag{1-2-22}$$

根据标准误差的定义,可以求出仪器的标准误差$\sigma_{仪}$与其示值误差Δ_m的关系为

$$\sigma_{仪}=\frac{\Delta_m}{\sqrt{3}} \tag{1-2-23}$$

4. 仪器的灵敏阈

仪器的灵敏阈是指足以引起仪器示值可察觉到变化的被测量的最小变化量值,被测量改变量小于这个阈值,仪器没有反应。一般来说,数字仪表最末一位数所代表的量,就是这个仪表的灵敏阈。对于指针式仪表,一般认为人能感觉到的最小改变量是0.2分度值,所以可以把0.2分度值所代表的量作为指针式仪器的灵敏阈。灵敏阈越小,说明仪器的仪器灵敏度越高。仪器的灵敏阈与仪器的示值误差有一定关系,一般来说,仪器的灵敏阈小于示值误差,而示值误差应小于仪器的最小分度值。应该指出由于仪器老化,特别是大学物理实验中学生频繁使用的仪器,其准确度会降低或灵敏阈会变大,因而使用这样的仪器前,应检查其灵敏阈,当仪器的灵敏阈超过仪器示值误差时,仪器示值误差便应由仪器的灵敏阈来代替。

§3 有效数字及其运算

一、有效数字

实验数据是通过测量得到的，读出的数据有几位、运算后应保留几位在实验数据处理中都有明确的规律可循。为了理解有效数字的概念，我们先举一个例子。如图 1-3-1 所示，用米尺（最小刻度是 1 mm）测量一棒的长度，测量结果可读为 4.24 cm、4.25 cm 或 4.26 cm。一般来讲，前两位数不会因为测量者不同而有所变化，我们称之为可靠数字；而最后一位数字则可能因测量者不同而略有不同，我们把这位数称为欠准数字或可疑数字。欠准数字能客观地反映出该物体比 4.2 cm 长、比 4.3 cm 短的实际情况。我们把测量中得到的全部可靠数字和欠准数字，总称为有效数字。当被测物理量和测量仪器选定以后，测量结果的有效数字的位数就已经确定了，用不同的仪器测量同一物理量，精度较高的仪器得到的测量结果有效位数较多，因此有效数字的位数能反映测量仪器的精度。另外，有效数字位数的多少还与被测量的大小有关。特别需要指出，物理量的测量值和数学量有着不同的意义。在数学上，4.27 cm 和 4.270 cm 没有区别，但是从测量的意义上看，4.27 cm表示百分位上的“7”是欠准数字；而 4.270 cm 表示百分位上的“7”是准确测量出来的，是可靠数字，而千分位的“0”才是欠准数字。因此，有效数字位数的多少，是测量实际的客观反映，不能随意增减测得值的有效数字的位数。

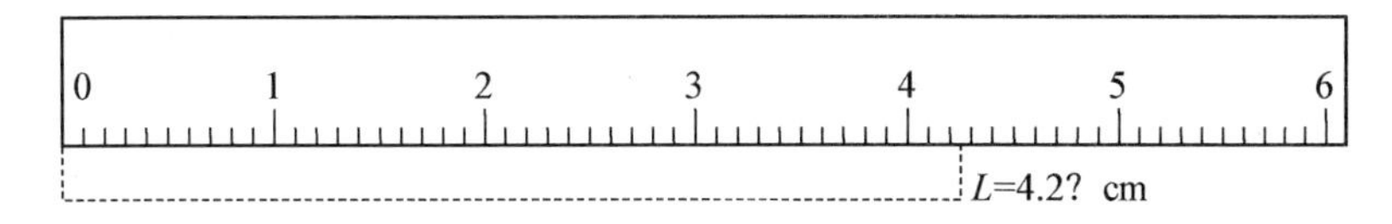

图 1-3-1 用米尺测量棒的长度

因为有效数字只有最后一位是欠准的，因此大体上说有效数字的位数越多，相对不确定度就越小。测量结果表示时应注意以下几方面。

（1）有效数字的位数与小数点位置无关。用以表示小数点位置的“0”不是有效数字。在单位换算时，有效数字的位数不变。例如，4.07 cm 和 0.0407 m 都是三位有效数字。

（2）对较大或较小的数，为了方便地反映有效数字的位数，应尽量采用科学记数法。即在小数点前只写一位数字，用 10 的次幂来表示其数量级。例如，地球的平均半径 6 371 km可写作 6.371×10^{6} m，表明其有四位有效数字。这样可避免有效数字写错，也便于识别和记忆。

(3) 由于不确定度本身是一个估计范围,所以其有效数字一般只取一位或两位。在本课程中为了教学规范,我们约定对测量结果的合成不确定度(或总不确定度)只取一位有效数字,相对不确定度可取两位有效数字。此外,我们还约定,截取剩余尾数一律采取进位法处理,即剩余尾数只要不为零,一律进位,其目的是保证结果的置信概率水平不降低。

(4) 对测量结果本身有效数字的取位必须使其最后一位与不确定度最后一位取齐。如 $x=(9.80\pm0.03)$cm 是正确的表示,而 $x=(9.804\pm0.03)$cm 或 $x=(9.8\pm0.03)$cm 均是不正确的表示。

二、直接测量结果的读取

直接测量值是进一步估算不确定度和数据处理的基础,因此仪器上的读数应准确反映出所有有效数字。一般而言,仪器的分度值是考虑到仪器示值误差所在位来划分的。由于仪器多种多样,读数规则也略有区别。如何正确读取有效数字大致归纳如下。

(1) 读数一般应读到最小分度以下再估一位。根据情况(如分度的间距、刻线及指针的粗细,分度的数值等)估读到最小分度值的 1/10、1/5 或 1/2。但无论怎样估计,最小分度位总是准确位,最小分度的下一位是估计的欠准位。

(2) 有些时候,估读数字就取在最小分度位。如 TW—05 型物理天平的最小分度值为 0.05 g,则 0.01、0.02、0.03、0.04 及 0.06、0.07、0.08、0.09 都是估读数字,不必再估读到下一位。

(3) 游标类量具,只读到游标分度值,一般不再估读。

(4) 数字式仪表不需要进行估读,仪器所显示的末位,就是欠准数字。

(5) 实验仪器给出仪器的示值误差时,应读到仪器示值误差所在的那一位。

(6) 在读取数据时,如果测量值恰好为整数,则必须补“0”,一直补到可疑数字位。例如,用最小刻度为 1 mm 的钢尺测量某物体的长度“恰”为 12 mm 时,应记为 12.0 mm;如果改用游标卡尺测量同一物体,读数应记为 12.00 mm;如再改用螺旋测微计来测量,读数应记为 12.000 mm;切不可一律记为 12 mm。

三、有效数字的运算

有效数字的定义,适用于直接测量量,也适用于间接测量量。间接测量结果的有效数字位数由测量不确定度的所在位来决定。但是在计算不确定度之前,间接测量需要经过一系列的运算过程。运算时,参加运算的量可能很多,有效数字的位数也不一致。为了简化运算过程,一般可以按以下规则进行运算。

（1）加减法运算：几个数进行加减运算时，其结果的有效数字末位和参加运算的诸数中末位数数量级最大的那一位取齐，称为“尾数取齐”。例如，$278.2+12.451=290.7$。

（2）乘除法运算：几个数进行乘除运算时，其结果的有效数字的位数一般与参与运算的诸数中有效数字位数最少的那个相同，称为“位数取齐”。例如，$5.348\times 20.5=110$。当运算结果的首位数是1、2、3时，可多取1位。

（3）乘方开方运算：一个数进行乘方、开方运算，其结果的有效数字位数一般与被乘方、开方数的有效数字位数相同。例如，$\sqrt{200}=14.1$。

（4）对数运算：对数函数运算结果的有效数字中，小数点后面的位数取成与真值的位数相同。例如，$\lg 543=2.735$。

（5）指数运算：指数函数运算结果的有效数字中，按科学记数法小数点后的位数取成与指数中小数点后的位数相同。例如，$e^{9.14}=9.32\times 10^{3}$。

（6）三角函数运算：如 $y=\sin x$，若 x 的末位是度，则 y 取两位数，若 x 的末位为分，则 y 取4位数。例如，$\sin 30°=0.50$；$\sin 30°0'=0.500\,0$。

（7）对于常数 π、$\sqrt{2}$、$\sqrt{3}$等可看成有任意多位有效数字，不影响最后的计算结果。运算中其位数比计算式中其他测量值中有效位最少的多取一位。

以上所述的有效数字运算规则，只是一个基本原则。在实际问题中，为防止多次取舍而造成误差的累积效应，常常采用在中间运算时多取一位的办法。最后结果表达时，有效数字的取位再由不确定度的所在位来一并截取。

四、有效数字的舍入法则

过去对有效数字的尾数通常采用“四舍五入”的规则，但是这样处理“入”的机会总是大于“舍”的机会，会导致最后结果偏大。为了弥补这一缺陷，目前普遍采取“小于五舍去，大于五进位，等于五凑偶”的规则。对于结果只能运用一次。例如，将下列数据保留三位有效数字的修约结果是：

$3.542\,5\rightarrow 3.54$ 小于五舍去；

$3.546\,6\rightarrow 3.55$ 大于五进位；

$3.535\,0\rightarrow 3.54$ 等于五凑偶。

五、思考题

1. 试判别由于下列原因产生的误差属于何种误差？

（1）米尺的分度不准；　　（2）天平横梁不等臂；

（3）水银温度计毛细管不均匀；　　（4）不良习惯的读数；

(5) 游标卡尺或螺旋测微计零点不准；(6) 电表接入被测电路；

(7) 检流计零点漂移；(8) 电源电压不稳定。

2. 指出下列表示或说法的错误并加以修正：

(1) 用最小分度为 1 mm 的米尺测出某物体的长度为 3 cm；

(2) 用分度值为 1 mA 的电流表测得某一电流读数为 20 mA；

(3) $10.22\times0.0332\times0.41=0.13911464$；

(4) $1624+487.27+1844.4+27.2=3982.87$；

(5) $L=3.70\ \text{cm}=37.0\ \text{mm}=0.000037\ \text{km}$；

(6) $R=6371\ \text{km}=6371000\ \text{m}=637100000\ \text{cm}$；

(7) 0.002 005 写成三位有效数字为 0.002；

(8) 测量结果表示为 $L=(3.823\pm0.3)\times10^2\ \text{km}$ 和 $t=(406.9\pm0.742)\text{s}$；

(9) $(8.54\pm0.02)\text{m}=(8540\pm20)\text{mm}$；

(10) 用不确定度评价某电阻的测量结果，其表达式为 $R=(35.78\pm0.05)\Omega(P=68.3\%)$，表示此电阻的阻值在 35.73～35.83 Ω 之间。

3. 用示值误差为 0.004 mm 的螺旋测微计测量某物体的长度 8 次，测量值分别为 14.298 mm、14.256 mm、14.290 mm、14.262 mm、14.234 mm、14.263 mm、14.242 mm、14.278 mm，请把测量值列表，并：

(1) 求算术平均值及各测值的残差；

(2) 求测量值的实验标准差 $S(x)$；

(3) 求平均值的实验标准差 $S(\overline{x})$；

(4) 求测量结果的不确定度；

(5) 正确表达测量结果。

4. 用最小分度值为 0.01 mm 的螺旋测微计测得钢球直径为 15.561 mm、15.562 mm、15.560 mm、15.563 mm、15.564 mm、15.560 mm，螺旋测微计的零点读数为 0.011 mm，求钢球体积的测量结果。

§4　数据处理方法

数据处理是指从获得实验数据开始到得出最后实验结果和结论的整个加工过程，包括数据记录、整理、计算、分析和绘制图表等。数据处理是实验工作的重要内容，涉及的内容很多，这里仅介绍一些基本的数据处理方法。

一、列表法

对一个物理量进行多次测量或研究几个量之间的关系时，往往借助于列表法把实验数据列成表格。其优点是大量数据表达得清晰、有条理，易于检查和发现问题，避免差错，同时有助于反映出物理量之间的对应关系。所以，设计一个简单明了、合理美观的数据表格，是很多实验课题的基本任务之一，也是每一个同学都要掌握的基本技能。

列表没有统一的格式，但所设计的表格要能充分反映上述优点，为此应注意以下几点：

(1) 各栏目均应注明所记录的物理量的名称(符号)和单位；

(2) 栏目的顺序应考虑数据间的联系和计算顺序，力求简明齐全、有条理；

(3) 表中的记录的原始测量数据应正确反映有效数字，不应随便涂改，确实要修改数据时，应将原来数据画一条杠以备随时查验；

(4) 对于函数关系的数据表格，应按自变量由小到大或由大到小的顺序排列，以便于判断和处理。

二、作图法

在物理实验中，会广泛地应用作图法。作图法不仅在处理数据时应用，在实验过程中有时也要应用。作图法就是在专用的坐标纸上将实验数据之间的对应关系描绘成图线。

1. 作图法的作用和优点

(1) 作图法是确定物理量之间的变化规律，找出相互对应的函数关系的最常用方法之一，用作图法可以验证理论，找出经验公式。通过作图还可以帮助我们发现测量中的失误、不足与“坏值”，指导进一步的实验和测量。

(2) 作图法可以简便地从图线中求出某些物理量。例如，对直线 $y=ax+b$，就可以从斜线的斜率求出 a 值，从截距求出 b 值。

(3) 在图线上可直观、形象地反映某物理量之间的变化规律，而且图线具有完整连续性。所以，通过内插法可以直接读出没有进行观测的对应于某 x 的 y 值，也可以通过外延法从图线的延伸部分读到测量数据以外的点。

(4) 当函数呈非线性关系时，不仅求值困难，而且也很难从图中判断结果是否正确。但是，可通过适当的变化把曲线变成直线(或称线性化)后，就可以很方便地处理实验数据。常用的可以线性化的函数举例如下。

① $xy=c$，c 为常数。令 $z=1/x$，则 $y=cz$，y 与 z 为线性关系，斜率为 c。

② $x=c\sqrt{y}$，c 为常数。令 $z=x^2$，则 $y=c^{-2}z$，y 与 z 为线性关系，斜率为 $1/c^2$。

③ $y=ax^n$，其中 a、n 为未知常数，需用图解法确定。将两边取对数得

$$\lg y=n\lg x+\lg a$$

$\lg y$ 为 $\lg x$ 的线性函数，以 $\lg y$ 为纵坐标、$\lg x$ 为横坐标，则在图上得到一条直线。直线的斜率为 n，截距为 $\lg a$。

④ $y=a\mathrm{e}^{-bx}$，其中 a、b 是未知常数，需用图解法确定。将两边取对数得

$$\lg y=-b\lg \mathrm{e}\cdot x+\lg a$$

如果在半对数纸上以 y 为纵轴，以 x 为横轴画图，可得一条直线，直线的截距为 $\lg a$，斜率为 $-b\lg \mathrm{e}=0.434\,3b$，由此可以算出常数 a、b。

⑤ $x^2+y^2=a^2$，a 为常数，则 $y^2=a^2-x^2$，以 y^2 为纵坐标，以 x^2 为横坐标，直线的斜率为 -1，截距为 a^2。

2. 作图的基本规则

1) 选择合适的坐标纸

依据物理量变化的特点和参数，先确定并选用合适的坐标纸，如直角坐标纸、双对数坐标纸、单对数坐标纸、极坐标纸或其他坐标纸等。原则上数据中的可靠数字在图中也应可靠，数据中的可疑位在图中应是估计的，使从图中读到的有效数字位数与测量的读数相当。

2) 确定坐标轴与坐标分度

合理选轴，正确分度，是一张图作得好坏的关键，在习惯上常将自变量作横坐标轴，因变量作纵坐标轴。在两个变化的物理量中，究竟哪个为自变量或因变量，应根据实验方法和数据特性来判断。当坐标轴确定后，应当注明该轴所代表的物理量名称和单位，还要在轴上均匀地标明该物理量的坐标分度。在标注坐标分度时应注意如下两点。

(1) 分度应使每个点的坐标值都能迅速方便地读出。一般用一大格代表 1、2、5、10 个单位，因为这样不仅标点和读数都比较方便，而且也不容易出错。

(2) 坐标分度不一定从零开始，可以用低于原始数据最小值的某一个整数作为坐标分度的起点，用高于测量数据的最大值的某一整数作为终点，两轴的比例也可不同。这样，可使图线充满所选用的图纸。

3）描点

根据测量数据，在坐标纸上用削好的铅笔逐个描上“·”或其他准确清晰的标志。若在同一张图上要标志几条不同的曲线，可以用不同的符号作为标记，如用“○”、“＋”、…，并在适当的位置上注明各符号代表的意义，以区别不同函数关系的点。注意，交叉或中心点应是数据的最佳值。

4）画线

画线一定要用直尺或曲线板等作图工具。依照数据点列反映的函数关系的总规律和测量要求，确定用何种曲线。如校准电表时，就需要采用折线连接每个数据点。而在大多数情况下，物理量在某一范围内连续变化，应采用光滑直线或曲线，且该曲线应尽可能通过或接近大多数测量数据点，并使数据点尽可能均匀对称地分布在曲线的两侧。

5）标写图名

在图的下方书写完整的图名，一般是将纵坐标所代表的物理量写在前面，横坐标所代表的物理量写在后面。必要时，还应在图的下方或其他空白处，注明实验条件或其他相关内容，作出简要的说明。

三、逐差法

逐差法又称逐差计算法，一般用于等间隔线性变化测量中所得数据的处理。由误差理论可知，算术平均值是若干次重复测量的物理量的最佳值。为了减少随机误差，在实验中一般都采用多次测量。但是在等间隔线性变化测量中，若仍用一般的平均值方法，我们将发现，只有第一次测量值和最后一次测量值起作用，所有的中间测量值完全抵消。因此，这种测量无法反映多次测量的特点和优点。

下面以测量弹簧劲度系数的例子来说明逐差法处理数据的过程。设弹簧原长为 x_0，逐次地在其下端加挂质量为 m 的砝码，共加 7 次，测出弹簧的长度分别为 $x_1, x_2, x_3, \cdots, x_7$。从这组数据中可求出每加单位质量砝码时弹簧的伸长量为

$$\overline{\Delta x}=\frac{1}{7m}[(x_1-x_0)+(x_2-x_1)+(x_3-x_2)+\cdots+(x_7-x_6)]=\frac{1}{7m}(x_7-x_0) \tag{1-4-1}$$

很显然，这种处理得到的结果仅用了首尾两个数据，中间值全部抵消，因而损失掉很多的信息，是不合理的。

若将以上数据按顺序分为 x_0, x_1, x_2, x_3 和 x_4, x_5, x_6, x_7 两组，并使其对应项相减，就有

$$\begin{aligned}\overline{\Delta x}&=\frac{1}{4}\left[\frac{(x_4-x_0)}{4m}+\frac{(x_5-x_1)}{4m}+\frac{(x_6-x_2)}{4m}+\frac{(x_7-x_3)}{4m}\right]\\&=\frac{1}{16m}[(x_4+x_5+x_6+x_7)-(x_0+x_1+x_2+x_3)]\end{aligned} \tag{1-4-2}$$

很明显，这种逐差法使用了全部数据信息，更能反映多次测量对减少误差的作用。

四、最小二乘法(线性回归)

作图法虽然在数据处理中是一个很便利的方法，但在图线的绘制上往往带有较大的任意性，使得所得结果常常因人而异，而且很难对它作进一步的误差分析。为了克服这些缺点，在数理统计中研究了直线拟合问题(或称一元线性回归问题)，常用一种以最小二乘法为基础的实验数据处理方法。由于某些曲线型的函数可以通过适当的数学变换而改写成直线形式，这一方法也适用于某些具有曲线型的变化规律的物理量。下面就数据处理中的最小二乘法原理作一个简单介绍。

设在某一实验中，可控制的物理量取 $x_1, x_2, \cdots, x_n$ 值时，对应的物理量依次取 $y_1, y_2, \cdots, y_n$ 值，并假定对 x_i 值的观测误差很小，主要误差都出现在 y_i 的观测上。显然，任取两组实验数据就可以得出一条直线，只不过这条直线的误差有可能很大。直线拟合的任务便是用数学分析的方法从这些观测数据中求出最佳的经验公式 $y=kx+b$。按这一经验公式作出的图线不一定能通过每一个实验点，但是它是以最接近这些实验点的方式穿过它们的。很明显，对应于每一个 x_i 值，测得值 y_i 和最佳经验公式中的 y 值之间存在一偏差 δ_{y_i}，我们称 δ_{y_i} 为测得值 y_i 的偏差，即

$$\delta_{y_i}=y_i-y=y_i-(kx_i+b) \qquad (i=1,2,\cdots,n) \tag{1-4-3}$$

最小二乘法的原理就是：如果各测得值的误差相互独立且服从正态分布，当其偏差的平方和为最小时，得到最佳经验公式。以 S 表示偏差的平方和，即

$$S=\sum(\delta_{y_i})^2=\sum[y_i-(kx_i+b)]^2 \tag{1-4-4}$$

式中各 x_i 和 y_i 是测得值，都是已知量，所以解决直线拟合的问题就变成了由实验数据组 (x_i, y_i) 来确定 k 和 b 的过程。S 取最小时，它满足极值条件，即 S 对 k 和 b 的偏导数均为零。由式(1-4-4)可得

$$\begin{aligned}\frac{\partial S}{\partial k}&=-2\sum(y_i-kx_i-b)x_i=0\\ \frac{\partial S}{\partial b}&=-2\sum(y_i-kx_i-b)=0\end{aligned} \tag{1-4-5}$$

整理得

$$\begin{aligned}&\sum x_iy_i-k\sum x_i^2-b\sum x_i=0\\ &\sum y_i-k\sum x_i-nb=0\end{aligned} \tag{1-4-6}$$

解方程组(1-4-6)可得

$$k=\frac{\sum x_i\sum y_i-n\sum x_iy_i}{\left(\sum x_i\right)^2-n\sum x_i^2},\quad b=\frac{\sum x_i\sum x_iy_i-\sum x_i^2y_i}{\left(\sum x_i\right)^2-n\sum x_i^2} \tag{1-4-7}$$

将 k 和 b 的数值代入直线方程 $y=kx+b$ 中即可得最佳的经验公式。

从式(1-4-6)还可得

$$b=\frac{\sum y_i}{n}-k\frac{\sum x_i}{n} \tag{1-4-8}$$

由于$\frac{\sum y_i}{n}$和$\frac{\sum x_i}{n}$分别是数据列 y_i 和 x_i 的平均值，即$\overline{y}$ 和$\overline{x}$，所以

$$b=\overline{y}-k\overline{x} \tag{1-4-9}$$

代入方程 $y=kx+b$ 有

$$y-\overline{y}=k(x-\overline{x}) \tag{1-4-10}$$

从式(1-4-10)可知，最佳直线是通过$(\overline{x},\overline{y})$这一点的。因此，严格地说，在作图时应将点$(\overline{x},\overline{y})$在坐标纸上标出。作图时可将作图的直尺以点$(\overline{x},\overline{y})$为轴心来回转动，使各实验点与直尺边线的距离最近而且两侧分布均匀，然后沿直尺的边线画一条直线，即为所求的直线。

必须指出，实际上只有当 x 和 y 之间存在线性关系时，拟合的直线才有意义。为了检验拟合的直线有无意义，在数学上引进一个叫相关系数的量，它的定义为

$$r=\frac{\sum \Delta x_i \Delta y_i}{\sqrt{\sum(\Delta x_i)^2}\sqrt{\sum(\Delta y_i)^2}} \tag{1-4-11}$$

其中，$\Delta x_i=x_i-\overline{x}$，$\Delta y_i=y_i-\overline{y}$。$r$ 表示 x 和 y 之间的函数关系与线性函数的符合程度。r 越接近 1，x 和 y 的线性关系就越好；如果它接近于零，就可以认为 x 和 y 之间不存在线性关系。物理实验中，如果 r 达到 0.999，则说明实验数据的线性关系良好，各实验点聚集在一条直线附近。值得注意的是，用最小二乘法处理前一定要先用作图法作图，以剔除异常数据。

上面介绍了用最小二乘法求经验公式中的常数 k 和 b 的方法。用这种方法计算出来的 k 和 b 是“最佳的”，但并不是没有误差。

§5 物理实验方法

任何物理实验都离不开物理量的测量。物理测量泛指以物理理论为依据,以实验装置和实验技术为手段进行测量的过程。待测物理量的内容非常广泛,它包括运动力学量、分子物理热学量、电磁学量和光学量等。对于同一物理量,通常有多种测量方法。测量方法及其分类方法名目繁多,如按测量内容来分,可分为电量测量和非电量测量;按测量数据获得的方式来分,可分为直接测量、间接测量和组合测量;按测量进行方式来分,可分为直读法、比较法、替代法和差值法;按被测量与时间的关系来分,可分为静态测量和动态测量。本章将对物理实验中最常用的几种基本测量方法作概括的介绍。

一、基本实验方法

1. 放大法

在物理实验中,某些被测量物理量比较微小,用已给定的某种仪器进行测量往往会带来很大的误差,甚至无法直接测量。如果能将被测物理量按照一定的规律加以放大,就可以达到既能测量又能减少测量误差的目的。将被测物理量按一定规律放大后再进行测量的方法,称为“放大法”。由于待测物理量的不同,放大的原理和方法也不同。常用的放大法有累积放大法、力学放大法、电学放大法和光学放大法等。

1)累积放大法

在物理实验中我们常常可能遇到这样一些问题,即受测量仪器精度的限制,或受人的反应时间的限制,单次测量的误差很大或无法测出待测量的有用信息,这就需要采用累积放大法来进行测量。在保证所测物理量能简单重复的前提下,对不容易精确测定的微小量予以倍加,然后进行测量,将测量结果除以倍数而得到微小量的测量值,这种实验方法就称为累积放大法。例如,在利用简单力学方法来测量一根细丝的直径时,可在光滑的圆柱体上将细丝密绕若干匝后,通过测其排列的总长度再除以匝数来获得;又如单摆周期的测量实验中,假定单摆周期 T 为 2.00 s,人开启和关闭秒表的平均反应时间为 $t=0.2$ s,则单次测量周期的相对误差为 $t/T=20\%$,若我们测量连续 50 个周期的总时间,则由人开启和关闭秒表的平均反应时间引起的误差将降到 $t/50T=0.2\%$。其他实验(如劈尖干涉)中条纹间距的测量,夫兰克-赫兹实验中氩元素第一激发电位的测定等,都采用了累积放大法。

2）力学（机械）放大法

力学放大是利用力学量之间的几何关系进行转换放大的一种最直观的放大方法。例如，螺旋测微原理就是一种机械放大。将螺距（螺旋进一圈的推进距离）通过螺母上的圆周来进行放大。放大率为 D/d，其中 d 是螺距，D 是螺旋筒直径。由于放大作用提高了测量仪器的分辨率，从而提高了测量精度。

3）电学放大法

电子学的放大电路将微弱的电信号放大后进行测量，这就是电学放大法。电学放大中有直流放大和交流放大，有单级放大和多级放大，现在各种新型的高集成度的运算放大器不断涌现，电学放大的放大率可以远高于其他放大方式。因此，常常把其他物理量转换成电信号放大以后再转换回去，如压电转换、光电转换、电磁转换等。为了避免失真，要求电信号放大的过程也应尽可能是线性放大。

4）光学放大法

光学放大法分为视角放大和微小变化量（微小长度、微小角度）放大两种。放大镜、显微镜和望远镜等都属于视角放大的仪器。这类仪器只是在观察中放大视角，并不是实际尺寸的变化，所以并不增加误差。因而许多精密仪器都是在最后的读数装置上加一个视角放大装置以提高测量精度。微小变化量的放大原理常用于检流计、光杠杆等装置中。如测量微小长度变化的光杠杆镜尺法就是通过测量放大的物理量来获得微小的长度变化。

2. 比较法

比较法是将相同类型的被测量与标准量直接或间接地进行比较，测出其大小的测量方法。比较法可分为直接比较法和间接比较法两种。

1）直接比较法

将被测量直接与已知其值的同类量进行比较，测出其大小的测量方法，称为直接比较测量法。它所使用的测量仪表，通常是直读指示式仪表。例如，用米尺、游标尺和螺旋测微计测量长度；用秒表和数字毫秒计测量时间；用伏特表测量电压等。测量所用仪表的刻度已预先进行准确分度和校准，测量过程中指示标记（如指针）在标尺上指示的刻度值或显示屏上的数字就表示出被测量的大小。对测量人员来说，除了将其指示值乘以测量仪器的常数或倍率外，无须作附加的操作或计算。由于测量过程简单方便，在物理量测量中的应用较广泛。

2）间接比较法

由于某些物理量无法进行直接比较测量，故需设法先将待测物理量转变为另一种能直接比较测量的物理量，然后进行测量，当然这种转变必须服从一定的单值函数关系。如用水银的热膨胀去测量温度、用弹簧的形变去测力等就属于这类测量，我们称之为间接比较法。图 1-5-1 是将待测电阻 R_X 与一个可调节的标准电阻 R_S 进行间接比较的测量示意图。如果稳压电源输出 V 保持不变，调节标准电阻值 R_S，使得开关 K 在“1”和“2”两个位置时的电流指示值不变，则

$$R_X = R_S = \frac{V}{I} \tag{1-5-1}$$

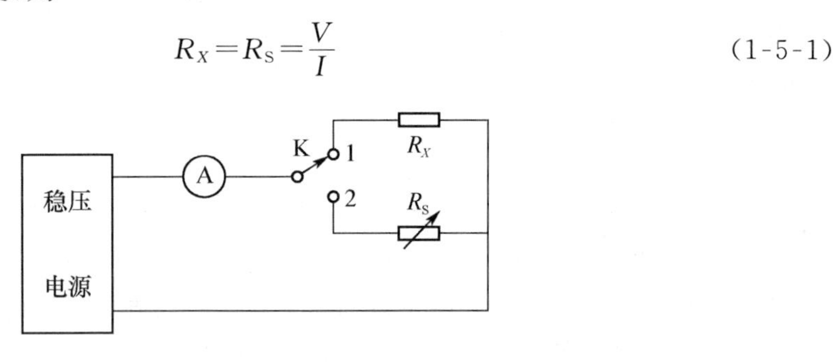

图 1-5-1　间接比较法

应当指出的是，间接比较法是以物理量之间的函数关系为依据的。为了测量更加方便、准确，在可能的情况下，应尽量将上述物理量之间的关系转换成线性关系。例如，磁电式电表的线圈在均匀磁场中受电磁力矩作用，流过线圈的电流与偏转角度之间的关系不是线性的，这样在表盘上进行刻度和读数都很不方便。为了使电流与偏转角之间呈线性关系，设计电表时在线圈中加一铁芯，使磁场由横向变为辐射状。这时线圈转角（或偏格数 n）正比于电流 I，使得磁电式电表读数方便准确。

3. 模拟法

模拟测量法是根据相似性原理，人为地制造一个类似于被研究对象或运动过程的模型，用模型的测试代替对实际对象的测试的实验方法。这是因为在探求物质运动规律或解决工程技术问题时，往往会遇到像被研究对象非常庞大或非常微小、非常危险或研究对象变化非常缓慢这样一些特殊的、难以对研究对象进行直接测量的情况。模拟法一般可分为以下几种。

1）几何模拟法

几何模拟是将所研究对象按比例制成模型，以此作为观察研究的辅助手段，此法简单实用，但只能作定性研究，不易弄清被模拟量的内部变化规律，物理实验中很少采用。

2）物理模拟法

物理模拟的特点是模拟量与被模拟量的变化服从同一物理规律。例如，为了研究高速飞行的飞机上各部位所受的力，以便于飞机的设计，人们首先制造一个飞机模型，将模型放入风洞，创造一个与实际飞机在空中飞行完全相似的物理过程，对模型飞机受力情况进行测试，以便获得可靠的实验数据。物理模拟可使观察的现象反复出现、生动形象，因此具有广泛的应用价值。

3）数学模拟法

数学模拟法又称类比法，这种模拟的模型与原型在物理形式上和实质上可能毫无共

同之处，但它们却遵循着相同的数学规律。例如，力电类比中，力学的共振与电学的共振虽然不同，但它们却有相同的二阶常微分方程。又如，模拟静电场的实验就是根据稳恒电流场与静电场具有相同的数学方程式$\frac{\partial^2 V}{\partial x^2}+\frac{\partial^2 V}{\partial y^2}+\frac{\partial^2 V}{\partial z^2}=0$，利用稳恒电流场来模拟静电场得到所需的实验结果。

随着计算机的不断发展和广泛的应用，人们可以通过计算机模拟实验过程，预测可能的实验结果。这是一种新的模拟方法——人工智能模拟，它属于计算物理的研究范畴，我们不在这里讨论。模拟法虽然具有上述的许多优点，但也有很大的局限性，因为它仅能够解决可测性问题，并不能提高实验的精度。

4. 补偿法

通过调整一个或几个与被测物理量有已知平衡关系的同类标准量，去抵消被测物理量的作用，使系统处于补偿状态(平衡状态)。处于补偿状态的测量系统，被测量与标准量之间有确定的关系，由此可测得被测物理量。这种测量方法称为补偿法或平衡测量法。例如，在电势差计中，利用已知电压抵消待测电压，在电路中电流为零的状态下测量电压，消除用电压表直接测电势差时流经电压表支路电流对测量的影响。此外，天平测质量、平衡电桥测电阻也利用了补偿法原理。此外还有各种各样的补偿，如温度补偿、光强补偿等。

补偿法的特点是测量中包含标准量具，同时还有一个用来检测平衡的仪表，测量时要使被测量与标准量之差为零，这个过程叫作补偿操作或平衡操作。补偿操作往往比较复杂，但可以获得精度较高的结果。

5. 转换法

转换测量法是根据物理量之间的各种效应和定量函数关系，利用变换原理将不能或不易测量的待测物理量转换成能测或易测的物理量进行测量，然后再求待测物理量。实际上就是间接测量法的具体应用。由于物理量之间存在多种关系和效应，因此也就有不同的转换法，这恰恰反映了物理实验中最具有启发性和开创性的一面。转换法一般可分为参量转换法和能量转换法两大类。

1) 参量转换法

参量转换法是利用物理量之间变换的某种函数关系进行的间接测量。

(1) 把测量不准的量转换成可测量的量。例如，测量不规则物体的体积或密度，将不易测量的不规则物体的体积转化为易测量的液体体积，只需一个有较精密刻度的量筒就行。

(2) 用测量物理量的改变量代替测量物理量。例如，利用非平衡电桥在平衡点附近，平衡指示器的变化量与某一个电桥臂的数值变化成正比这一关系，求出温度变化，就可求出电阻随温度的变化。

(3) 把不可测的量转换成可测的量。如关于引力波的实验，物理学家通过测量双星由于辐射引力波而导致轨道周期的减小来检验引力波的存在，解决了实验室中无法达到的既可以直接测量到宇宙内的引力波又同时能排除电磁辐射干扰的目的。我国古代曹冲称象的故事也是一个参量转换的很好范例，把当时不可测量的大象重量变换成可测量的石头重量。

(4) 把单个测量点的计算方法，改变为多个测量点的作图法或回归法。把不易测的物理量放在截距上，而把要测的物理量放在斜率中去解决。

2) 能量转换法——传感器转换法

与参量转换不同，能量转换是利用一种运动形式转换为另一种运动形式时物理量之间的对应关系进行的间接测量。能量转换的关键是传感器——根据某一物理原理或效应制成的一种能量转换装置。由于热敏、光敏、磁敏、压敏等各种新型功能材料不断涌现，以及这些材料的性能不断提高，各种各样的敏感器件和传感器也就应运而生，为科学实验和物理测量方法的改进提供了很好的条件。由于电磁学参量的测量方便、迅速，又容易实现，所以最常见的传感器转换法是将某些物理量的测量转换为电学量的测量(也称电测法)。最常见的有以下几种。

(1) 热电转换:将温度的测量通过热电传感器转换成电压或电阻的测量。热电传感器的种类很多，它们虽然依据的物理效应不同，但都是利用了材料的温度特性。例如，利用材料的温差电动势原理，将温度测量转换成热电偶的温差电动势的测量。

(2) 压电转换:利用压敏元件或压敏材料(如压电陶瓷、石英晶体等)的压电效应，将压力转换成电信号进行测量。反过来，也可以用某一特定频率的电信号去激励压敏材料使之产生共振，来进行其他物理量的测量。例如，在“超声声速的测定”实验中，我们利用压电换能器将电信号转换为压力变化产生超声波发射，又利用其逆变化将接收的声波信号转换回电信号在示波器上显示，由此测定声音在空气中的传播速度。

(3) 光电转换:利用光敏元件将光信号转换为电信号再进行测量的方法。例如，在弱电流放大的实验中，就是把激光(或日光、灯光等)照射在硒光电池上直接将光信号转换为电信号，再进行放大测量。光电管、光电倍增管、光电池、光敏二极管、光敏三极管等器件可以实现光电转换，测定相对光强。

(4) 磁电转换:利用半导体霍尔效应进行磁学量与电学量的转换测量。最典型的磁敏元件包括霍尔元件、磁记录元件(如读写磁头、磁带、磁盘)等。通常利用磁敏元件或电磁感应组件将磁学参量转换成电压、电流或电阻的测量。例如，用霍尔元件测磁场实验就是利用霍尔效应将磁感应强度转换为霍尔电势差。

(5) 几何变化量与电学参量的转换:利用电学元件或参量(如电感、电容、电阻等)对几何变化量敏感的特性，来进行对长度、厚度或微小位移等几何量的测量。

转换法灵敏度高、反应快、控制方便，并能进行自动记录和动态测量，与其他方法综合运用，可使许多过去认为难以解决甚至不能解决的技术难题迎刃而解。

6. 干涉法

众所周知，凡频率相同，具有确定的位相关系的同类波在相遇时，就会产生相干叠加形成干涉花样。干涉法就是利用波的干涉现象，通过对干涉花样的观测来间接测量一些物理量的测量方法。例如，在等厚干涉实验中用干涉来测量微小厚度、微小直径、透镜的曲率半径等；在迈克尔孙干涉实验中用干涉法来测光的波长，研究光源的相干性等。利用干涉法还可以检查工件表面的平面度、球面度、光洁度以及精确地测量长度、厚度、角度、形变、应力等。干涉测量已形成一个科学分支，称为干涉计量学。

7. 示波法

通过示波器将人眼看不见的电信号在示波管的荧屏上形成形象直观、清晰可见的图像，然后进行测量的方法称为示波法。将此法与各类传感器结合，就可以对各种非电学量进行测量。

以上分别介绍了物理实验中最常用的几种基本测量方法，但是每一种方法都不是孤立的。学习和掌握实验方法的过程是人类认识事物由感性到理性的发展过程，也是我们科学素质和实验能力的积累提高过程。在物理实验课程学习中应当注意理论联系实际，重点掌握实验方法，并在实践中学会运用，特别是学会综合应用各种实验方法解决问题。

二、设计性实验方法

设计性实验是一种介于基本教学实验与实际科学实验之间，对科学实验全过程进行初步训练的教学实验。其目的是使学生能运用所学知识和技能独立完成和解决物理实验问题，提高学生独立分析问题和解决问题的能力，激发学生的创造性思维和探索性精神，开发学生智能，培养与提高学生科学实验能力和素养。这类实验课题和项目，一般由教师或教材提出任务和要求，学生在充分理解基本原理的基础上，综合运用所掌握的基础理论知识、实验技能以及各种测量手段和实验方法，自行设计实验方案，确定实验方法，选择配套仪器设备，进行实验测试，最后写出比较完整的实验报告或论文。设计性实验一般分成以下三种类型。

1. 测量型实验

对某一物理量（如密度、重力加速度、电动势、电容、折射率等）进行测定，达到设计要求。

2. 研究型实验

用实验确定两物理量或多物理量之间的关系（如电源特性研究、超声波的应用等），并对其物理原理、外界条件的影响或应用价值等进行研究。

3. 制作型实验

设计并组装装置（如万用表、全息光栅等），以实现对给定物理量测量的功能。

设计型实验的一般程序如图 1-5-2 所示。

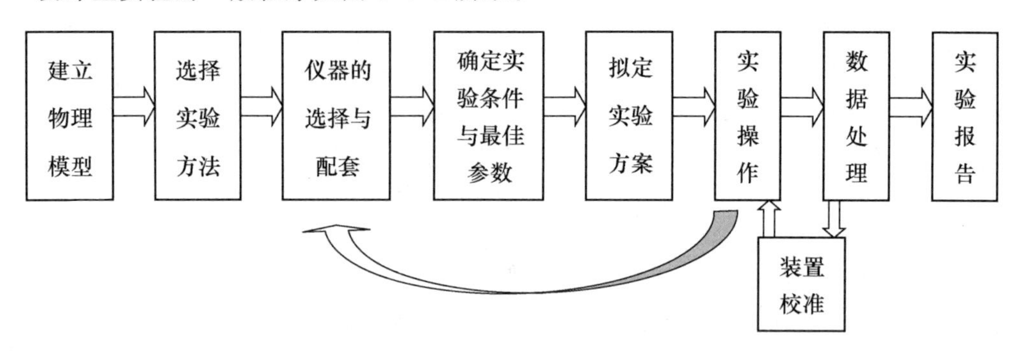

图 1-5-2　设计型实验的一般程序

图 1-5-2 中的返回箭头表示在后一程序进行过程中可能出现一些问题,有必要返回前一程序中去,或者利用实测数据的处理结果去检查完善前面设计方案。

设计性实验一般应按上述程序进行,但是由于实验内容的千变万化,往往还要针对具体情况对程序作出调整和灵活运用。下面对各步骤作简略说明。

1）物理模型的建立

物理模型的建立就是根据实验要求和实验对象的物理性质,研究与实验对象相关的物理过程的原理及过程中各物理量之间的关系、推证数学模型(数学表达式)。比如,要测某一地区的重力加速度,我们可以根据自由下落物体的运动速度与重力加速度的关系 $g=\frac{2(h-v_0 t)}{t^2}$,建立一个自由落体运动的物理模型;或者根据单摆小角度摆动条件下,周期 T 与 g 的关系 $T=2\pi\sqrt{\frac{L}{g}}$,建立一个单摆的物理模型。又如,要测量某处的磁感应强度 B,我们可以根据霍尔元件在磁场中产生的霍尔电动势为 $\varepsilon_H=K_H IB$ 的物理原理,建立起用霍尔元件测螺线管内部的磁感应强度的物理模型;也可以利用磁感应强度变化时在探测线圈内产生的感应电动势 $\varepsilon=-N\frac{\mathrm{d}B}{\mathrm{d}t}$,建立积分法测量磁感应强度的物理模型。

物理模型一般都是建立在某些理想条件下的,比如,要求某些量为无穷大、某些量为无限小,而这些条件在实验中又是无法严格实现的。所以,必须深刻理解原理所要求的条件,考虑这些条件与实验中所能实现的条件的近似程度,在误差允许的范围内,使实验环境和过程尽量接近理想条件。比如,利用单摆测重力加速度实验中,系小球的细线的质量比小球质量小很多,而小球的直径又比细线的长度小很多,则此装置就可看作是一个不计质量的细线系住一个质点,使其在重力作用下作小角度摆动,其周期 T 就满足公式 $T=2\pi\sqrt{\frac{L}{g}}$。上述条件若得不到满足就不能视之为单摆。在热学实验中,若系统与外界没有热交换，就是绝热过程，这也是一个理想化条件。我们只能采取一些措施使系统与外界的热交换减小到可以忽略的程度，而真正的“绝热”是不可能实现的。总而言之，理想化永远达不到，但是只要我们仔细分析、合理地利用一些近似的条件，就会建立起一个比较理想的物理模型。

2）物理模型的比较与选择

对于一个特定的物理量，可能有若干物理过程与之相对应。对一个实验任务，也可以建立起多种物理模型。这就要我们对所能建立起的物理模型进行比较，从中选择一个最佳的物理模型。在选择物理模型时，要从物理原理的完善性、计算公式的准确性、实验方法的可行性、实验操作的便利性、实验装置的经济性、仪器精度的局限性、误差范围的允许性等多方面去详细考虑，尽量使所建立的物理模型既突出物理概念，又使实验简易可行；既能使测量精度高、误差小，又能充分利用现有的条件。

比如，我们建立了两个不同的测量重力加速度 g 的物理模型。采用自由落体模型，只能测一个单程的时间与位移，当下落行程 h 为 2 m 时，所需时间只有 0.6 s 多，这就对计时准确度提出了很高的要求。而用单摆模型，则可测 n 个周期的累计摆动时间，对于摆长为 $l=1$ m 的单摆，周期 T 约为 2 s，若累计测 50 个周期，则时间间隔达 100 s 左右，显然采用后一方案既简单又准确，从这个意义上讲，选单摆法比自由落体法要好。

应该指出的是，实验方法的选择不应该是消极的比较与选择，而应积极地创造条件去满足物理模型的需要。各种方法都有自己的优缺点，一定要综合分析，决定取舍。

3）实验方法的选择

物理模型确定以后，就要选择适当的实验方法。一个实验中可能要测量多个物理量，每个物理量又都可能有多种测量方法。比如，在自由落体运动中测时间 t 可以有光电计时、火花打点计时和频闪照相计时等多种具体的方法；在测量温度时可以使用水银温度计、热电偶、热敏电阻等多种器具；测量电压可以用万用表、数字电压表、电势差计、示波器等；测量长度可以用直接测量法、电学方法（位移传感器、长度传感器）、光学方法（干涉法、比长仪法）等。我们必须根据被测对象的性质和特点，分析比较各种测量方法的适用条件，可能达到的实验准确度以及各种方法实施的可能性、优缺点，最后作出选择。

选择方法时应首先考虑实验误差要小于预定的设计要求。但是过分追求低误差也是没有必要的，因为随着结果准确度的提高，实验难度和实验成本也将增加。测量方法的选择离不开对测量仪器的选择，这又要从仪器精度、操作的方便及经济性各方面去考虑。

一般情况下，为减少随机误差应该尽可能采取等精度的多次测量；对于等间隔、线性变化的连续实验数据的处理可采用“逐差法”、“最小二乘法”等。系统误差不仅与测量仪器有关，也与测量方案有关。

4）测量仪器的选择与配套

物理模型和实验方法确定以后，就要选择配套的测量仪器，选择的方法是通过待测的间接测量量与各直接测量量的函数关系导出误差(或不确定度)传递公式,并按照“不确定度均分”原则将对间接测量量的误差要求分配给直接测量量,再由此选择准确度适合的仪器。

例如,单摆实验中,对测量重力加速度 g 的要求是相对不确定度 $E(g)\leqslant 0.5\%$,由函数关系式 $g=\frac{4\pi^2 L}{T^2}$ 可导出不确定度传递公式为

$$E^2(g)=E^2(L)+4E^2(T) \tag{1-5-2}$$

当 $E(g)\leqslant 0.5\%$,$E^2(g)\leqslant 0.25\times 10^{-4}$。按照“不确定度”均分原则,$E^2(L)\leqslant 0.125\times 10^{-4}$,$4E^2(T)\leqslant 0.125\times 10^{-4}$,即 $E(L)\approx 0.35\%$,$E(T)\approx 0.17\%$。由此可以提出对测长仪器和计时仪器的准确度要求。考虑到测量方便,可选摆长 L 约为 1 m,则周期约为 2 s,估算出测长仪器的允许最大不确定度为 3.5 mm,选择 1 mm 刻度的米尺测量完全可以达到要求。类似可以估算出计时仪器的允许最大不确定度为 0.3 s,可以选用停表计时。尽管停表计分度值为 0.1 s 或更小,但是由操作者技术引起的误差可能高达 0.3 s 以上,所以还应采取累计计时法,测 n 个周期的累计时间,再换算成一个周期的时间,以便更好地达到设计要求。

当然,“不确定度均分”只是一个原则上的分配方法,对于具体情况还可具体处理。比如由于条件限制,某一物理量测量的不确定度稍大,继续降低不确定度又比较困难,这时可以允许该物理量的不确定度大一些而将其他物理量的测量不确定度降得更低,以保证合成不确定度达到设计要求。

5)测量条件与最佳参数的确定

在实验方法及仪器选定的情况下,选择有利的测量条件,可以最大限度地减小测量误差。设间接测量量与直接测量量关系为

$$y=f(x_1,x_2,\cdots,x_n) \tag{1-5-3}$$

若 x_i 各量的误差为已知,且最大误差为 Δx_i,相应 y 的误差为 Δy,$\Delta y/y$ 与 $\Delta x_i/x_i$ 的关系由误差传递公式确定。为了使 $\Delta y/y$ 为极小值,则要求 $\frac{\partial}{\partial x_i}\left(\frac{\Delta y}{y}\right)=0$,由此可定出最佳测量条件。

6)测量次数的确定

我们知道通过增加测量次数可以减少误差。在一般情况下,当我们对某物理量 x 进行 n 次等精度测量时,所得结果为 $x_1,x_2,\cdots,x_n$,其算术平均值为 $\overline{x}$,则一次测量的实验标准差为 $S(x)=\sqrt{\frac{1}{n-1}\sum_{i=1}^{n}(x_i-\overline{x})^2}$,$n$ 次测量结果算术平均值 $\overline{x}$ 的实验标准差为 $S(\overline{x})=\frac{S(x)}{\sqrt{n}}$。

由此可见,平均值的实验标准差等于一次测量的实验标准差的 $1/\sqrt{n}$,因而增加测量次数对提高平均值的精度是有利的。但测量精度主要由测量仪器的精度、测量方法等因

数决定，不能超越这些条件而单纯地追求测量次数。只有在正确地选择了测量方法、测量仪器、测量条件的前提下，通过增加测量次数才能实现平均值精度的提高。

比如，用某种天平测量某个物体的质量 m，已知 m 的一次测量实验标准差 $S(m)=1\ \mathrm{mg}$，若仪器精度和测量方法等只能要求测量结果的平均值实验标准差 $S(\overline{m})\leqslant 0.5\ \mathrm{mg}$，则根据 $S(\overline{m})=\dfrac{S(m)}{\sqrt{n}}$ 有 $n=\dfrac{S^2(m)}{S^2(\overline{m})}$，因此测量次数至少应为 $n=\dfrac{1^2}{0.5^2}=4$。

7）实验实施方案的拟定

拟定具体的实验实施方案是一项非常重要的工作，好的实施方案可以使实验有条有理地完成，而没有一个好的实施方案，即使拥有了理想的物理模型和精密的实验仪器，也得不到准确的实验结果。实验实施方案的拟定应包括以下几方面。

(1) 按照所选定的物理模型及实验方法，画出实验装置图或电路光路图，注明图中各元器件和设备的名称、型号、数值，从总体上对实验有一个安排。

(2) 拟定详细的实验步骤。包括装置的安装、仪器的调整、光路的调节、实验操作的先后次序，数据记录的方法等。对于一些预先可估计到的事情要在实验方案的适当位置记录清楚，比如，对一些不可逆过程、一次性动作要加以注明、作好准备，以免造成实验停顿或数据漏测。对一些力学实验中的超量限、电学实验中的过载等容易出现的意外事故，也要清楚地注明，并预先考虑一旦实验中出现事故应如何处置。在条件允许的实验中，可安排一次初测，以掌握实验的实际情况及练习操作。经过初测还可以找到非线性变化曲线的弯曲部分，并在此处多安排几个测试点。总之，实验步骤是操作者在实验中的动作程序，是实验者顺利完成实验的指导，因此要事先进行周密计划和拟定，以保证实验的顺利进行。

(3) 列数据表格。数据表格是实验者在做实验中将所测试的数据记录在案的一项重要工作，要分析实验中需测量哪些量，每个量测几次等，列出一个明确的数据表格，并且注明计量单位，绝对不可随处乱记数据，以免造成混乱和数据丢失。数据表格设计得好，不但方便记录，而且还会起到提醒实验者的作用。

(4) 列出所用器具详细清单。包括仪器名称、规格、使用条件等，以备组配实验装置时查验；作好环境条件如日期、天气、气温、气压、温度的记录和仪器设备参数的准备；列出结尾工作的备忘录（恢复仪器至初始状态，切断电源、水源、整理仪器、清洁卫生等）。

8）实验准备报告

以上内容完成后应写出实验准备报告，内容包括实验目的、物理模型的建立和各种方案的比较分析、所确定的方案及采用此方案的理由、样品的选择、实验仪器的选择（包括名称、规格、准确度等级、件数等）、实验参数的确定、具体的实验步骤和参考资料等。对制作型实验还应该包括装置的校准方法。

9）实验操作

实验准备报告通过检查并获得批准后，就可以进行正式实验了。

设计性实验也可以分两次完成，第一次完成初测，根据测量数据及实验中发现的问题修改、完善实验方案，再按照修改后的方案进行第二次实验。

10）数据处理及撰写报告

做完实验只是完成了实验工作的一部分，只有认真进行数据处理并写出完整的实验报告，才算整个实验工作完成。

实验报告是实验的书面总结，是记录自己工作的整个过程及成果的依据，也是提供给评阅者评价自己实验结果的依据，所以应真实认真地用自己的语言表达清楚所做内容、依据的物理思想及反映的物理规律、实验数据处理结果及分析、自己对实验的见解与收获。与以前所做教学实验相比，设计性实验的实验报告应进一步接近科学论文的形式及水准。一般应包括以下五个部分。

（1）引言：简明扼要地说明实验目的、内容、要求、概貌及实验结果的价值。

（2）实验方法描述：介绍实验基本原理，简明扼要地进行公式推导，介绍基本方法、实验装置、测试条件等。

（3）数据及处理：列出数据表格，进行计算及误差处理，给出最后结果，也可以包括实验规律的分析及组装仪器的校准等情况。

（4）结论：实验的小结。

（5）参考资料：列出在撰写报告过程中主要参考资料的名称、作者、出版物名称、出版者及出版时间。

第二章　力热学实验

实验一　长度测量

长度测量是最基本的测量之一，科学实验和生产实践中许多测量都与长度测量有关。不少定量的物理仪器，其标度均按一定长度来划分。比如，用温度计测温度和用电流表或电压表测电流或电压时，就是通过准确观测水银柱在温度标尺上的距离和电表指针在表头标尺上的距离来量度的。总之，长度测量是一切测量的基础，掌握长度测量的正确方法是非常重要的。长度测量的仪器和方法多种多样，最基本的测量工具要算米尺、游标卡尺和螺旋测微计。如果所要测量的物体无法直接接触测量或物体的线度很小且测量要求准确度很高，则可用其他更精密的仪器（如读数显微镜）或其他更适合的测量方法。

1.1　游标卡尺和螺旋测微计

【实验目的】

（1）掌握游标卡尺、螺旋测微计的原理和使用方法。

（2）巩固有关误差、有效数字和不确定度的知识。

（3）熟悉数据记录处理及测量结果表示方法。

【实验仪器】　游标卡尺、螺旋测微计、圆柱体、小钢球等。

一、游标卡尺

1. 结构

游标是为了提高角度、长度微小量的测量精度而采用的一种读数装置。游标卡尺就是用游标原理制成的典型量具。游标卡尺的外形结构如图 2-1-1 所示。

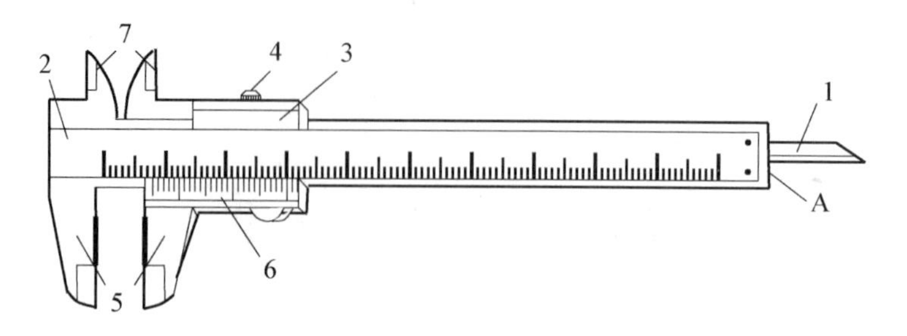

图 2-1-1　游标卡尺

当拉动尺框 3 时，两对量爪分离，距离大小从主尺 2 和游标尺 6 上读出。量爪 5 用于测量各种外尺寸；刀口形量爪 7 用于测量深度不深于 12 mm 的孔的直径和各种内尺寸；深度尺 1 固定在尺框 3 的背面，能随着尺框在主尺 2 的导槽内滑动，用于测量各种深度尺寸。

2. 读数原理与方法

游标量具由主尺(固定不动)和沿主尺滑动的游标尺组成。

主尺一格(两条相邻刻线间的距离)的宽度与游标尺一格的宽度之差，称为游标卡尺的分度值。目前，游标卡尺的主尺刻度为每格 1 mm，游标卡尺分度值有 0.10 mm、0.02 mm和 0.05 mm 三种，通常被刻于游标尺上。把游标尺等分为 10 个分格，叫“十分游标”，如图 2-1-2 所示。游标尺上的 10 个分格，其总长正好等于主尺的 9 个分格。主尺上一个分格是 1 mm，因此游标尺上 10 个分格的总长等于 9 mm，它一个分格长度是 0.9 mm，与主尺一格的宽度之差(游标卡尺分度值)为 0.10 mm。在图 2-1-2(a)中，从游标尺和主尺的“0”线对齐开始向右移动游标尺，当移动 0.1 mm 时，两尺上的第一条线对齐，两根“0”线间相距为 0.1 mm；当移动 0.2 mm 时，两尺上的第二条线对齐，两条“0”线间相距为0.2 mm；依此类推，当游标尺移动 0.9 mm 时，两尺上的第 9 条线对齐，这时两条“0”线相距为 0.9 mm。例如，当量爪 5 之间夹一纸片时，游标尺上第二条线与主尺第二条线对齐，则纸片厚度为 0.2 mm，如图 2-1-2(b)所示。可见，利用游标原理可以准确地判断游标尺的“0”线与主尺上刻线间相互错开的距离，该距离的大小就是主尺读数的小数值。

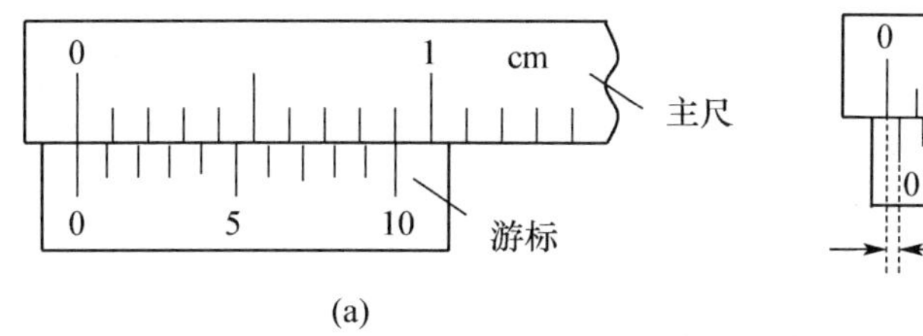

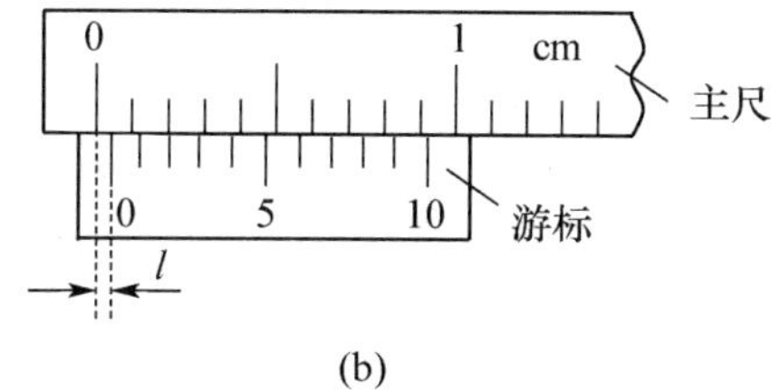

图 2-1-2　十分游标的主尺与游标尺

游标尺的“0”线是毫米读数(整数值)的基准。主尺上挨近游标“0”线左边最近的那根刻线的序号就是主尺读数的毫米整数值;然后,再看游标尺上哪一条线与主尺上的刻线对齐,该线的序号与游标卡尺分度值之积就是主尺读数的毫米小数值。三种不同分度值游标卡尺的读书可参阅表 2-1-1。将整数和小数相加,就是主尺读数。值得注意的是主尺上刻的数字是厘米数。

表 2-1-1　三种不同分度值游标卡尺的读数(单位:mm)

游标尺			精度	读数结果(游标尺上第 n 个格与主尺上的刻度线对正时)
刻度格数	刻度总长度	每小格与 1 mm 差		
10	9	0.1	0.10	主尺上读的毫米数+0.1n
20	19	0.05	0.05	主尺上读的毫米数+0.05n
50	49	0.02	0.02	主尺上读的毫米数+0.02n

如图 2-1-3 所示,主尺上刻 13 是表示 13 cm,即 130 mm;而游标尺上刻的数字 0.05 mm 表示游标卡尺分度值。因为主尺的第 132 条刻线挨近游标的“0”线的左边,所以读得整数是 132 mm;又因为游标的第 9 条刻线与主尺上的一条刻线对齐,所以小数是 0.05 mm×9=0.45 mm,故最后读数为两者之和,即132.45 mm。

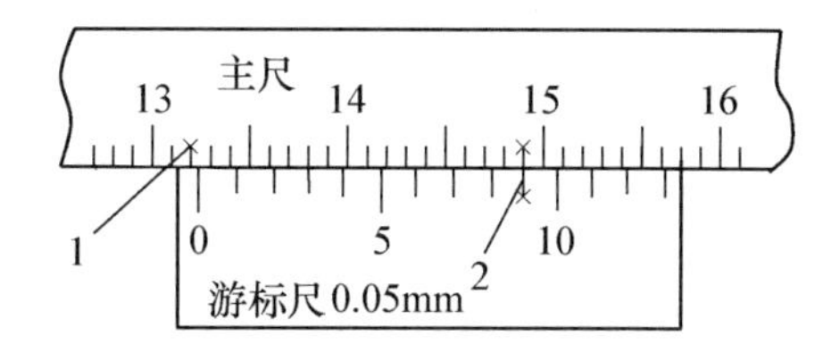

图 2-1-3　游标卡尺的读数

1—代表整数;2—代表小数

由于游标卡尺在读数时要分辨游标上的哪一条刻度线与主尺上的刻度线对得最齐,这里已包含了不可靠因素,所以游标卡尺一般不再往下估读。不过用 10 分游标尺读数时,可在毫米的百分位上加一个“0”,表示该读数在毫米的十分位上是准确的,以区别于毫米刻度尺的读数。

3. 使用方法和注意事项

(1) 用卡尺测量前应进行校零，即将两个量爪 7 合紧，看主尺和游标尺零线是否重合。若不重合，要记下此时读数，以便测量后进行修正。例如，读数值为 l_1，零点读数为 l_0（可正可负，请分析何时取正何时取负），则待测量 $l=l_1-l_0$。

(2) 被测物体的长度应和游标卡尺相平行。

(3) 保护钳口，免受不必要的弯曲或磨损，致使游标卡尺失去应有精度。

二、螺旋测微计

1. 结构

螺旋测微计是比游标卡尺更精密的测量长度的工具，用它测长度可以准确到 0.01 mm，测量范围为几个厘米，其构造如图 2-1-4 所示。螺旋测微计的测砧和固定套筒固定在框架上，固定套筒上刻有主尺，主尺上有一条横线（称为读数准线），横线上方刻有表示毫米数的刻线，横线下方刻有表示半毫米的刻线。旋钮、微调旋钮、微分筒、测微螺杆连在一起，通过固定套筒套在固定刻度上。微分筒的刻度通常一圈为 50 分度。

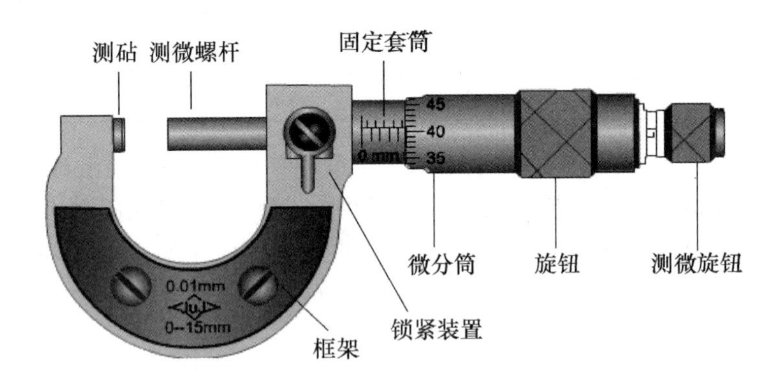

图 2-1-4 螺旋测微计

2. 测微原理与方法

螺旋测微计是依据螺旋放大的原理制成的。微分筒转过一周，测微螺杆可前进或后退一个螺距距离 0.5 mm。因此，沿轴线方向移动的微小距离，就能用圆周上的读数表示出来。当微分筒转过一分度，相当于测微螺杆位移 0.5/50=0.01 mm。所以，螺旋测微计可准确到 0.01 mm。由于还能再估读一位数字，可读到毫米的千分位，即 0.001 mm，所以螺旋测微计又被称为千分尺。

测量时，使测砧和测微螺杆并拢时，微分筒上的刻度零点恰好与固定套筒上的刻度零点重合。旋出测微螺杆，并使测砧和测微螺杆的面正好接触待测长度的两端。读数时，以微分筒的端面作为读取整数的基准，看微分筒端面左边固定套筒上露出的刻度的数字，该数字就是主尺的读数，即整数。

固定套筒的基线是读取小数的基准。读数时，看微分筒上是哪一条刻线与固定套筒的基线重合。如果固定套筒上的 0.5 mm 刻线没有露出，则微分筒上与基线重合的那条刻线的数字就是测量所得的小数。如果 0.5 mm 刻线已经露出，则从微分筒上读得的数字再加上 0.5 mm 才是测量所得的小数。当微分筒上没有任何一条刻线与基线恰好重合时，应该估读到小数点后第 3 位数。上述两次读数(整数和小数)相加，即为所求的测量结果。读数范例如图 2-1-5 所示。

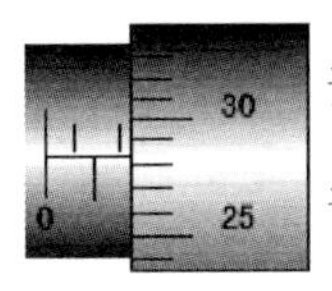

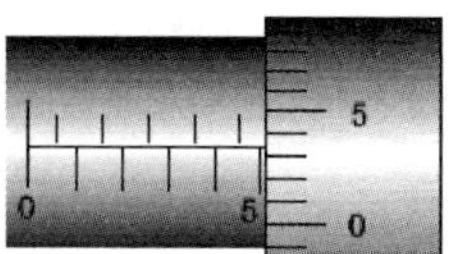

图 2-1-5　螺旋测微计的读数

3. 使用方法和注意事项

(1) 测量时，在测微螺杆快靠近被测物体时应停止使用旋钮，而改用微调旋钮，避免产生过大的压力，既可使测量结果精确，又能保护螺旋测微计。

(2) 在读数时，要注意固定套筒刻度尺上表示半毫米的刻线是否已经露出。

(3) 读数时，千分位有一位估读数字，不能随便扔掉，即使固定刻度的零点正好与可动刻度的某一刻度线对齐，千分位上也应读取为“0”。

(4) 当测砧和测微螺杆并拢时，微分筒的零点与固定套筒的零点不相重合时，将出现零点误差，应加以修正。

【实验内容与步骤】

1. 用游标卡尺测量圆管的体积

(1) 测量前，先核准游标卡尺的零点。将量爪合拢，检查游标的“0”线是否与主尺的“0”线对齐，如未对齐，则需记下零点读数，以便进行修正。

(2) 测量时，用外量爪测外径 D_1 和高 H，用内量爪测内径 D_2。左手拿待测物，右手持尺，大拇指轻转小轮，使待测物轻轻卡住即可读数，不要使物体在被卡住时用力移动，以免损坏量爪。

(3) 重复测量圆管的内径、外径和高各 5 次，并记下读数，同时也记下游标卡尺的示值误差 $\Delta_{示}$。

2. 用螺旋测微计测量小球的体积

(1) 测量前，进行“零”点核准。在测砧与测杆之间未放物体(小球)时，轻轻转动棘轮，待听到发出“轧、轧”之声时即停止转动。然后观察微分筒“0”线与螺母套管的横线是否对齐。若未对齐，则此时的读数为零读数。零读数有正、有负，测量结果需予以修正。

(2) 测量时，将待测物放于测砧与测杆之间，转动微分筒，当测杆与待测物快要接触时，再轻转棘轮，听到“轧、轧”的声音时停止转动，进行读数。

(3) 重复测量小球直径 5 次，记下每次的读数及螺旋测微计的示值误差。

(4) 测量完毕后，要使测砧与测杆之间留有一定的空隙，以免受热膨胀时两接触面因挤压而损坏。

【实验数据】

1. 数据记录

(1) 用游标卡尺测圆管的内、外直径和高。

零点读数：__________；示值误差：__________；单位：__________。

项目 \ i	1	2	3	4	5	平均值
外径 D_1						
内径 D_2						
高度 H						

(2) 用螺旋测微计测小球的直径。

零点读数 D_0：__________；示值误差：__________；单位：__________。

项目 \ i	1	2	3	4	5	平均值
$D_{读}$						
$D=D_{读}-D_0$						

2. 数据处理

(1) 多次直接测量的结果总不确定度的估计。

先求各直接测量的最佳值(平均值)： $\overline{x}=\frac{1}{n}\sum x_i$

然后求实验结果总不确定度： $\Delta_x=\sqrt{S_x^2+\delta_{仪}^2}$

其中

$$S_x=\sqrt{\frac{\sum(x_i-\overline{x})^2}{n-1}}$$

最后把测量结果表示为 $x=\overline{x}\pm\Delta_x$

(2) 间接测量结果的计算及合成不确定度的确定。

- 圆管的体积： $\overline{V}=\frac{\pi}{4}(\overline{D}_1^2-\overline{D}_2^2)\cdot\overline{H}$

$$\Delta_V=\sqrt{(\frac{\pi}{2}\overline{H}\,\overline{D}_1\Delta_{D_1})^2+(\frac{\pi}{2}\overline{H}\,\overline{D}_2\Delta_{D_2})^2+[\frac{\pi}{4}(\overline{D}_1^2-\overline{D}_2^2)\Delta_H]^2}$$

结果记为 $V=\overline{V}\pm\Delta_V$

- 钢球的体积： $\overline{V}=\frac{1}{6}\pi\overline{D}^3$， $\Delta_V=3\cdot\frac{\Delta_D}{\overline{D}}\cdot\overline{V}$

结果记为 $V=\overline{V}+\Delta_V$

【思考题】

(1) 已知游标卡尺的测量准确度为 0.01 mm，其主尺的最小分度的长度为 0.5 mm，试问游标的分度数(格数)为多少？以 mm 作单位，游标的总长度可能取哪些值？

(2) 螺旋测微计是如何提高测量精度的？其最小分度值和示值误差各为多少？其意义是什么？

(3) 螺旋测微计的零点值在什么情况下为正？在什么情况下为负？

1.2　读数显微镜的使用

读数显微镜也叫移测显微镜，是物理实验室必备的常用光学仪器之一，其用途十分广泛。在大学物理实验中，读数显微镜常用来测量微小距离或微小距离的变化。它将螺旋测微和显微镜组合起来使用，是利用螺旋测微计控制镜筒移动的一种测量显微镜。常用的 JCD 型读数显微镜的结构示意图如图 2-1-6 所示，其基本结构主要为光具部分和机械部分。显微镜由物镜、分划板和目镜组成光学显微系统。位于物镜焦点前的物体经物镜成放大倒立实像于目镜焦点附近并与分划板的刻线在同一平面上。目镜的作用如同放大镜，人眼通过它观察放大后的虚像。为精确测量小目标，有的读数显微镜配备测微目镜，取代了普通目镜。

【实验目的】

(1) 掌握读数显微镜的结构原理。

(2) 会正确使用读数显微镜。

【实验仪器】 JCD3 型读数显微镜。

1. 结构

读数显微镜是综合利用光学放大和螺旋测微原理精确测量微小长度的专用显微镜。如图 2-1-6 所示，其螺旋测微装置包括标尺 F、读数准线 E_1 和 E_2、测微鼓轮 A。它的镜筒可以通过螺旋机构左右移动(有的读数显微镜的镜筒与测量件可以在二维平面上相对移动或转动)，移动距离可以通过以 1 mm 为分度值的主尺和测微鼓轮 A 读出。测微鼓轮 A 的读数原理与螺旋测微计一样，它的螺距为 1 mm，A 的周边上刻有 100 个分格，每转动一个刻度镜筒移动 0.01 mm。

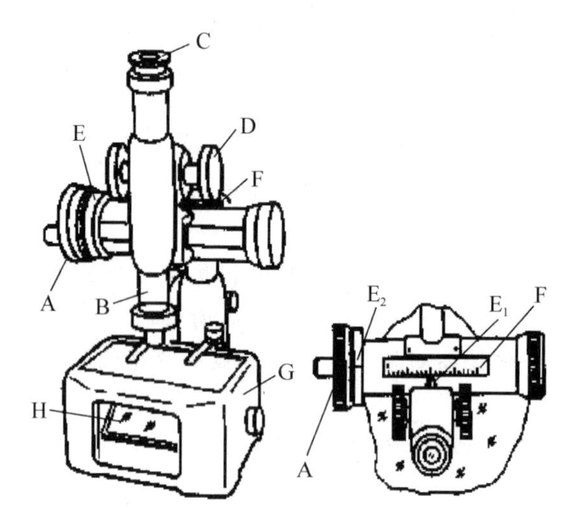

图 2-1-6 读数显微镜

A—测微鼓轮;B—显微镜筒;C—目镜;D—调焦手轮;E_1,E_2—准线;F—标尺;G—工作台;H—反光镜

2. 使用方法

(1) 调整目镜 C,看清十字叉丝。

(2) 将待测物安放在测量工作台上,转动反光镜 H,以得到适当亮度的视场。

(3) 旋转调焦手轮 D,使镜筒 B 下降到接近物体的表面,然后逐渐上升,至看清待测物。

(4) 转动测微鼓轮 A,使叉丝交点和待测物上的某点(或一条线)对准,记下读数。继续沿同一方向转动鼓轮,使叉丝交点对准待测物的另一点,再记下读数。两次读数之差就是待测物上两点间的距离。

3. 注意事项

(1) 在用眼睛从目镜中观察时,千万不能将物镜向下移向待测物体,以免使物镜压在被测物体上而损坏物镜或被测物体。

(2) 测量时,十字叉的一条丝必须和主尺平行,即让显微镜筒的移动方向和被测两点间连线平行。

(3) 测量中必须保证两次读数时叉丝像是沿同一方向移动的,这样做是为了消除螺杆与螺母间空隙引起的"回程"误差。如果不小心使叉丝像移动过大,超过了测量点,不能反方向移动退回读数,而必须退回较大距离后,再沿原方向移动到测量点进行读数,见图 2-1-7。

(4) 目镜和物镜不得用手抚摸,如有灰尘,可用镜头纸或洁净的毛扫轻拭。在测量过程中,要使显微镜的移动方向和被测两点间连线平行。

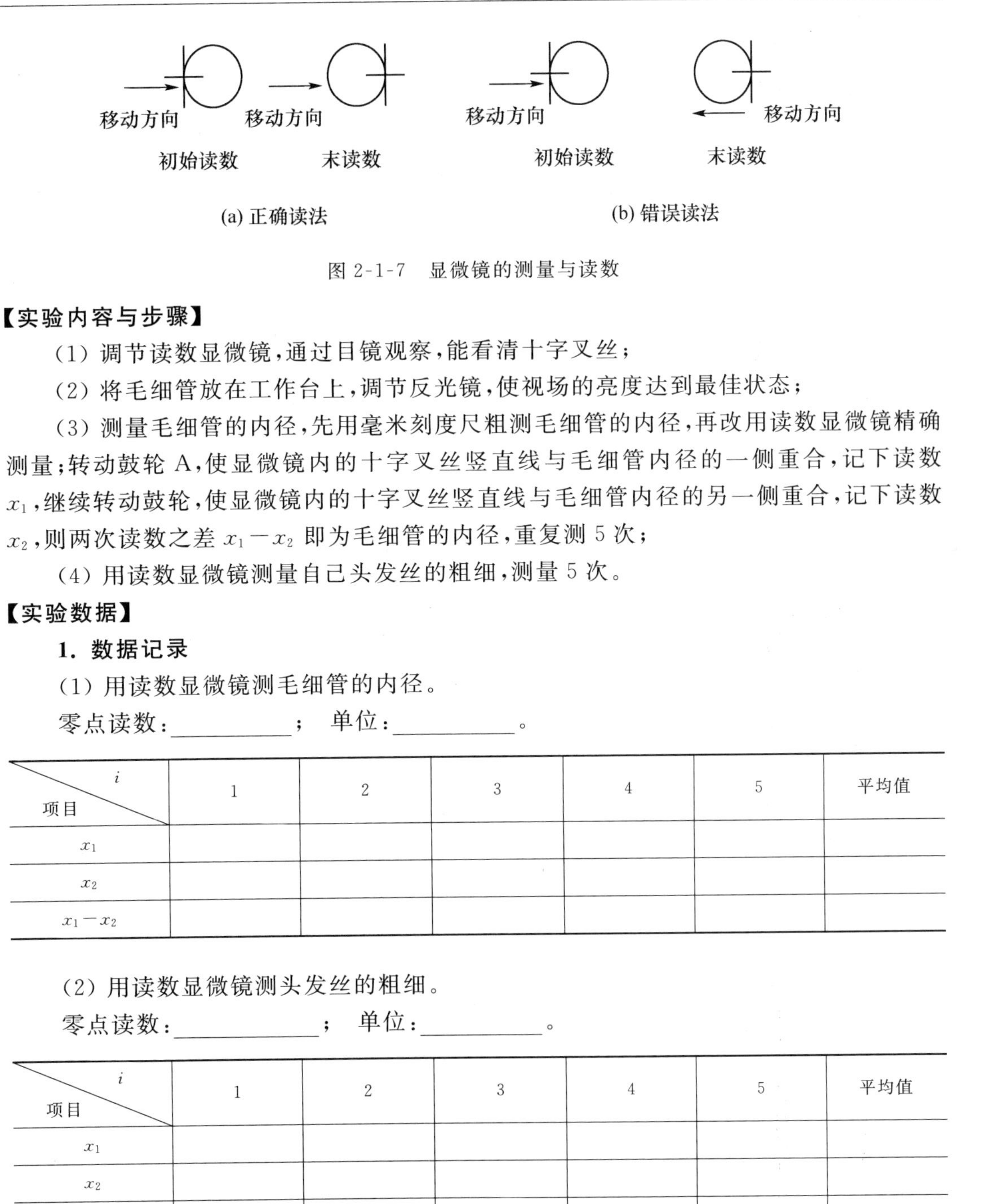

图 2-1-7　显微镜的测量与读数

【实验内容与步骤】

（1）调节读数显微镜，通过目镜观察，能看清十字叉丝；

（2）将毛细管放在工作台上，调节反光镜，使视场的亮度达到最佳状态；

（3）测量毛细管的内径，先用毫米刻度尺粗测毛细管的内径，再改用读数显微镜精确测量；转动鼓轮 A，使显微镜内的十字叉丝竖直线与毛细管内径的一侧重合，记下读数 x_1，继续转动鼓轮，使显微镜内的十字叉丝竖直线与毛细管内径的另一侧重合，记下读数 x_2，则两次读数之差 x_1-x_2 即为毛细管的内径，重复测 5 次；

（4）用读数显微镜测量自己头发丝的粗细，测量 5 次。

【实验数据】

1. 数据记录

（1）用读数显微镜测毛细管的内径。

零点读数：__________；　单位：__________。

项目 \ i	1	2	3	4	5	平均值
x_1						
x_2						
x_1-x_2						

（2）用读数显微镜测头发丝的粗细。

零点读数：__________；　单位：__________。

项目 \ i	1	2	3	4	5	平均值
x_1						
x_2						
x_1-x_2						

2. 数据处理

计算出测量的平均值$\overline{|x_1-x_2|}$和平均绝对偏差$\Delta\overline{|x_1-x_2|}$。

最终结果表示为：$\overline{|x_1-x_2|}\pm\Delta\overline{|x_1-x_2|}$。

【思考题】

使用读数显微镜为什么要避免回程误差？利用读数显微镜测量毛细管内径时，如何防止回程误差？

实验二　物理天平的使用和物体密度的测量

【实验目的】

(1) 掌握物理天平的调整和使用方法。

(2) 测量物体的密度。

【实验仪器】 物理天平、游标卡尺、螺旋测微计、烧杯、温度计、玻璃棒、镊子、待测物体等。

物理天平是利用等臂杠杆的原理制成的,它是一种比较测量仪器。

1. 结构

物理天平的构造如图 2-2-1 所示。在横梁的中点和两端共有 3 个刀口,中间刀口安置在支柱顶端的玛瑙刀承上,作为横梁(杠杆)的支点;在两端的刀口上悬挂两个吊耳,用以悬挂托盘;横梁下装有一读数指针,支柱上装有读数标尺;在底座左边装有托盘支架;制动旋钮可以使横梁升降;平衡螺母是天平空载时调节平衡用的。

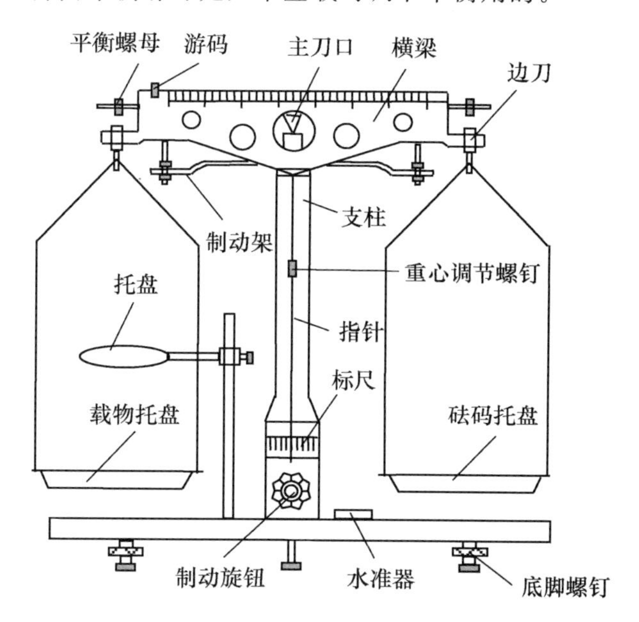

图 2-2-1　物理天平的构造

2. 技术指标

最大称量:是指天平允许称量的最大质量。实验室常用的一种物理天平最大称量为 500 g。

感量或灵敏度：感量是指天平指针偏转标尺上1分格时，天平秤盘上应增加（或减少）的砝码值。感量的倒数称为天平的灵敏度。感量越小，天平的灵敏度越高。常用物理天平的感量有10 mg/分格、50 mg/分格，其灵敏度分别为0.1分格/mg、0.02分格/mg。

最小分度：是横梁上的最小分格。横梁上有20个刻度，游码向右移动一个刻度相当于在右盘上加最小分度对应的砝码的质量。TW05型物理天平的最小分度为0.05 g砝码。

3. 使用方法

（1）调水平：调节底脚螺钉使底座上的水准泡居中，保证支架竖直。

（2）调零点：天平空载时，将游码移至零线，将两侧吊耳挂在相应的刀口上，慢慢转动制动旋钮，升起横梁，指针将左右摆动。观察摆动的平衡点，若平衡点不在标尺中央0刻线处，应转动制动旋钮，放下横梁，调节横梁上两边平衡螺母的位置，再升起横梁，观察指针位置，……。如此反复调节，直到天平达到平衡。

（3）称衡：先制动横梁，将待测物体放左盘中央，估计其质量，从大到小依次将砝码放入右盘中央，旋转制动旋钮，观察天平是否平衡，如不平衡，制动横梁后，判断应该加、减砝码或移动游码，直至横梁平衡。记下砝码和游码的读数，根据“左边＝右边＋游码”，算出待测物的质量。

4. 使用注意事项

（1）天平的负载不能超过其最大称量，以免损坏刀口或压弯横梁。

（2）常制动。在调节天平、取放物体、取放砝码（包括移动游码）以及不用天平时，都必须将天平制动，以免损坏刀口。只有在判断天平是否平衡时才将天平启动；天平的启动和制动的动作要轻；制动时最好在天平指针接近标尺中线刻度时进行。

（3）待测物体和砝码要放在盘的正中，砝码只准用镊子夹取，不得直接用手拿取；称量完毕，砝码必须放回砝码盒内的特定位置，不得随意乱放。

（4）天平的各部件以及砝码都要注意防锈、防腐蚀，高温物体、液体及带腐蚀性的化学药品不得直接放在盘内称衡。

（5）称量完毕，应将横梁放下置于制动架上，将吊耳从两侧刀口上取下，并将砝码放回盒中。

（6）可采用交换法（或复称法）消除天平两臂不等长测物体质量m：先“左物右码”测得质量为m'，后“左码右物”测得质量为m''，则物体质量为$m=\sqrt{m'm''}$。

【实验原理】

1. 规则物体密度的测量

若一个物体的质量为m，体积为V，则其密度为

$$\rho=\frac{m}{V} \tag{2-2-1}$$

可见，通过测定 m 和 V 可求出 ρ，其中 m 可用物理天平称量，而物体体积则可根据实际情况，采用不同的测量方法。对于规则物体，可通过测量其外形尺寸计算得出其体积。例如，一个直径为 d、高度为 h 的圆柱体的密度可表示为

$$\rho=\frac{4m}{\pi d^2 h} \tag{2-2-2}$$

2. 不规则物体密度的测量

对于形状不规则的物体，可采用流体静力“称量法”间接测量其体积：先用天平称被测物体在空气中质量 m_1，然后将物体浸入水中，称出其在水中的质量 m_2，如图 2-2-2(a)所示，则物体在水中受到的浮力为

$$F=(m_1-m_2)g \tag{2-2-3}$$

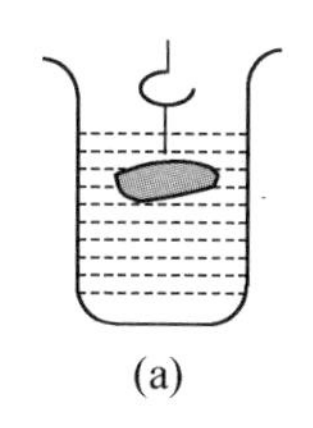

(a)

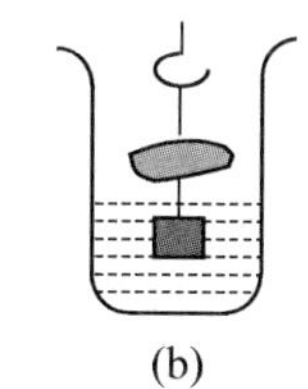

(b)

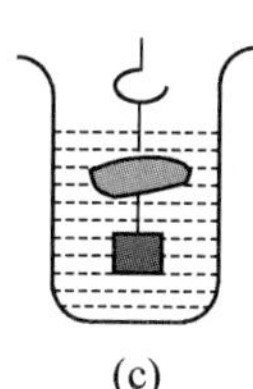

(c)

图 2-2-2　流体中的静力称量

根据阿基米德原理，浸没在液体中的物体所受浮力的大小等于物体所排开液体的重量。因此，可以推出

$$F=\rho_0 Vg \tag{2-2-4}$$

其中，ρ_0 为液体的密度（本实验中采用的液体为水）；V 是排开液体的体积也即物体的体积。联立两式可以得

$$V=\frac{m_1-m_2}{\rho_0} \tag{2-2-5}$$

将它代入式(2-2-1)有

$$\rho=\frac{m_1}{m_1-m_2}\rho_0 \tag{2-2-6}$$

如果待测物体的密度比液体小时，可采用加“助沉物”的办法。先测出“助沉物”在液体中而待测物在空气中时质量 m_2，如图 2-2-3(b)所示；再测出待测物体和“助沉物”都浸在液体中时质量 m_3，如图 2-2-3(c)所示，因此物体所受浮力为$(m_2-m_3)g$。若物体在空气中称量时的砝码质量为 m_1，则物体密度为

$$\rho=\frac{m_1}{m_2-m_3}\cdot\rho_0 \tag{2-2-7}$$

【实验内容与步骤】

1. 测一个圆柱体的密度

(1) 调整和学习使用物理天平，称测出物体的质量；

(2) 用游标卡尺测量圆柱体的高度；

(3) 用螺旋测微计测出圆柱体的外径，在不同位置测量多次。

2. 用流体静力"称量法"测不规则物体(如金属块)的密度

(1) 称出物体在空气中的质量 m_1；

(2) 盛有大半杯水的烧杯放在天平左侧托架上，将用细线挂在天平左边小钩上的物体浸没在水中，用玻璃棒除去物体上的气泡，称出物体在水中的质量 m_2；

(3) 测量记录烧杯内水的温度 t。

3. 测量密度小于水密度的不规则物体(如塑料块)的密度(选做)

(1) 测量塑料块在空气中的质量 m_1；

(2) 用细线在塑料块的下面悬挂一个"助沉物"，测量塑料块在空气中而"助沉物"在水中时质量 m_2；

(3) 测出塑料块和"助沉物"一起浸入水中时质量 m_3；

(4) 测量记录烧杯内水的温度。

【实验数据】

1. 数据记录

(1) 金属圆柱体的密度。

质量 m=____________g；　　表内数据单位：cm。

项目 \ i	1	2	3	4	5	平均值
h						
d						

(2) 不规则物体的密度。

物理量	m_1/g	m_2/g	t/℃	ρ_0/(kg/m^3)
数值				

2. 数据处理

分别利用公式(2-2 2)和公式(2-2-6)计算物体的密度。

【思考题】

(1) 设计一个测量液体的密度的方案；

（2）设计一个测量小粒状固体密度的方案。

*液体密度的测量

对液体密度的测定可用流体静力“称量法”，也可用“比重瓶法”。在一定温度的条件下，比重瓶的容积是一定的。如将液体注入比重瓶中，将毛玻璃塞由上而下自由塞上，多余的液体将从毛玻璃塞的中心毛细管中溢出，瓶中液体的体积将保持一定。

比重瓶的体积可通过注入蒸馏水，由天平称其质量算出，称量得空比重瓶的质量为 m_1，充满蒸馏水时的质量为 m_2，则 $m_2=m_1+\rho V$，因此，可以推出

$$V=(m_2-m_1)/\rho \tag{2-2-8}$$

如果再将待测密度为 ρ' 的液体（如酒精）注入比重瓶，再称量得出被测液体和比重瓶的质量为 m_3，则 $\rho'=(m_3-m_1)/V$。将公式(2-2-8)代入得

$$\rho'=\rho\frac{m_3-m_1}{m_2-m_1} \tag{2-2-9}$$

*粒状固体密度的测定

对于不规则的颗粒状固体，不可能用流体静力“称衡法”来逐一称其质量，但可采用“比重瓶法”。实验时，比重瓶内盛满蒸馏水，用天平称出瓶和水的质量 m_1，称出粒状固体的质量为 m_2，称出在装满水的瓶内投入粒状固体后的总质量为 m_3，则被测粒状固体将排出比重瓶内水的质量是 $m=m_1+m_2-m_3$，而排出水的体积就是质量为 m_2 的粒状固体的体积，所以待测粒状固体的密度为

$$\rho=\frac{m_2}{m_1+m_2-m_3}\cdot\rho_0 \tag{2-2-10}$$

当然，所测粒状固体不能溶于水，其大小应保证能投入比重瓶内。

实验三　摆动的研究

摆动是以一个基点或枢轴点摇摆，也指绕一固定轴线在一定角度范围内的往复运动。狭义的摆动是指机械的力学摆动，在生活中到处可见，应用也非常广泛，如工程、医疗、仪表、军事中；广义的摆动包含电磁摆动，甚至可以是某个物理量的变化。典型的力学摆动包括单摆、复摆和三线摆。

3.1　单摆与重力加速度的测量

用一根绝对挠性且长度不变、质量可忽略不计的线悬挂一个质点，在重力作用下在铅垂平面内作周期运动，就成为单摆。单摆在摆角小于 5°（现在一般认为是小于 10°）的条件下振动时，可近似认为是简谐运动。

1862 年，18 岁的伽利略离开神学院进入比萨大学学习医学，他的心中充满着奇妙的幻想和对自然科学的无穷疑问。一次他在比萨大学忘掉了向上帝祈祷，双眼注视着天花板上悬垂下来摇摆不定的挂灯，右手按着左手的脉搏，口中默默地数着数字，在一般人熟视无睹的现象中，他却第一个明白了挂灯每摆动一次的时间是相等的，这就是"单摆"摆动的等时性规律。后来他利用这个原理制成了一个"脉动器"，又叫"脉搏计"，使其摆动的快慢跟正常人脉搏跳动的快慢相一致，从而帮助判断病人患病的情况，这就是"摆"的最初应用。

在伽利略发现了单摆的等时性后，另一个叫惠更斯的荷兰科学家又作了进一步的研究，确定了单摆振动的周期与摆长的平方根成正比的关系：

$$T \propto \sqrt{l}$$

惠更斯于 1656 年发明了世界上第一个用摆动周期来计时的时钟。

【实验目的】

（1）熟悉单摆的运动规律。

（2）利用单摆测量重力加速，研究单摆周期与摆长和摆角的关系。

（3）掌握利用图像处理数据并利用外推法获得测量结果的方法。

【实验仪器】　FD-DB-Ⅱ新型单摆实验仪。

FD-DB-Ⅱ新型单摆实验仪是一种利用光电门精确测量时间的装置，可有效减小测量时间的人为误差，其结构示意图如图 2-3-1 所示，其正确使用参见仪器使用说明书。

【实验原理】

1. 单摆周期与摆长的关系

如图 2-3-2 所示，设小球的质量为 m，其质心到单摆的支点 O 的距离为 l（摆长）。作用在小球上的切向力的大小为 $mg\sin\theta$，它总指向平衡点 O'。根据牛顿第二定律，质点动力学方程为

$$ml\frac{\mathrm{d}^2\theta}{\mathrm{d}t^2}=-mg\sin\theta \tag{2-3-1}$$

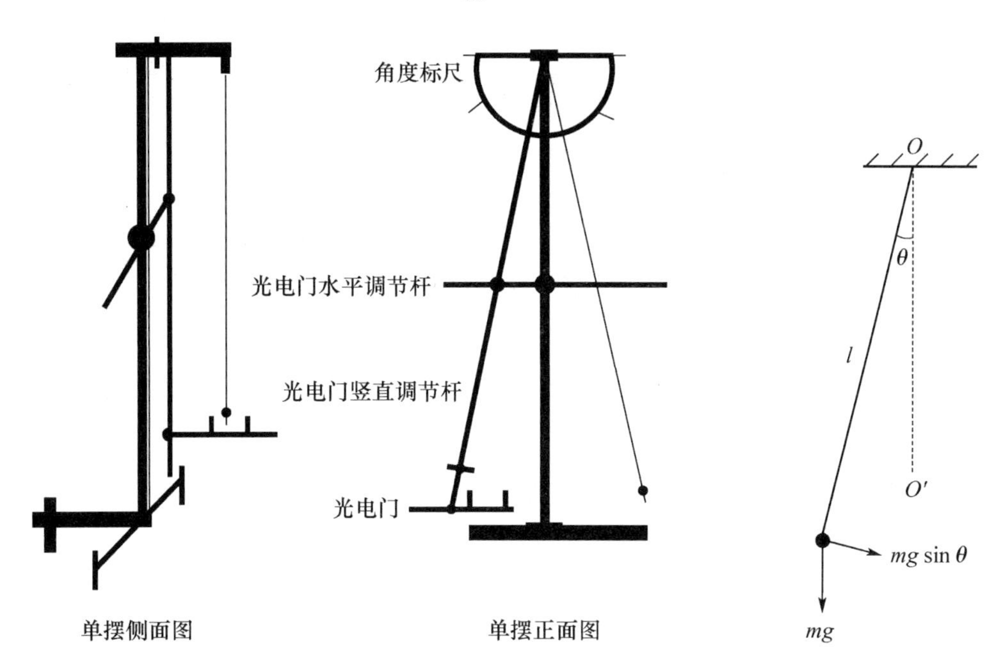

图 2-3-1　单摆实验仪结构示意图　　　　图 2-3-2　单摆示意图

当 θ 角很小，$\sin\theta\approx\theta$，可得

$$\frac{\mathrm{d}^2\theta}{\mathrm{d}t^2}=-\frac{g}{l}\theta \tag{2-3-2}$$

这是一简谐振动方程，其解为

$$\theta(t)=A\cos(\omega_0 t+\varphi) \tag{2-3-3}$$

其中 $\omega_0=\sqrt{g/l}$为圆频率，A 为振幅，φ 为幅角。所以单摆周期与摆长的关系：

$$T=2\pi\sqrt{\frac{l}{g}}\qquad 或\qquad T^2=\frac{4\pi^2}{g}l \tag{2-3-4}$$

即单摆作简谐运动的周期与摆长的平方根成正比，与重力加速度的平方根成反比，与振幅和摆球的质量无关。如果测出单摆的周期和摆长，利用上式可以计算重力加速度。实验时，测

量一个周期的相对误差较大,一般是测量连续摆动 n 个周期的时间 t,由式(2-3-4)得

$$g=4\pi^2\frac{n^2 l}{t^2} \tag{2-3-5}$$

其误差传递公式为

$$\frac{\Delta g}{g}=\frac{\Delta l}{l}+2\frac{\Delta t}{t} \tag{2-3-6}$$

从上式可以看出,在 Δl、Δt 大体一定的情况下,增大 l 和 t 对测量 g 有利。

理想单摆实际上是不存在的,因为悬线是有质量的,实验中又采用了半径为 r 的金属小球来代替质点。所以,只有当小球质量远大于悬线的质量,而它的半径又远小于悬线长度时,才能将小球的摆动近似看作单摆来处理,并可用式(2-3-4)进行计算其摆动周期。这时应将悬挂点与球心之间的距离作为摆长,即 $l=l_0+r$,其中 l_0 为线长。实验时,如固定摆长 l,测出相应的振动周期 T,即可由式(2-3-4)求 g。也可逐次改变摆长 l,测量各相应的周期 T,再求出 T^2,在坐标纸上作 T^2-l 图线(以 T^2 为横轴,以 l 为纵轴),如图是一条直线,说明 T^2 与 l 成正比关系,在直线上选取两点 $A(l_1,T_1^2)$ 和 $B(l_2,T_2^2)$ 即可得直线斜率 $k=(T_1^2-T_2^2)/(l_1-l_2)$,再从 $k=4\pi^2/g$ 求得重力加速度为

$$g=4\pi^2\frac{l_1-l_2}{T_1^2-T_2^2} \tag{2-3-7}$$

2. 单摆周期与摆角的关系

在忽略空气阻力和浮力的情况下,单摆振动时能量守恒,可以得到质量为 m 的小球在摆角为 θ 处的动能和势能之和为常量,即

$$\frac{1}{2}ml^2\left(\frac{\mathrm{d}\theta}{\mathrm{d}t}\right)^2+mgl(1-\cos\theta)=E_0 \tag{2-3-8}$$

其中,l 为单摆摆长;θ 为摆角;g 为重力加速度;t 为时间;E_0 为单摆的机械能。因为小球在摆幅为 θ_m 处释放,则

$$E_0=mgl(1-\cos\theta_\mathrm{m}) \tag{2-3-9}$$

代入式(2-3-7)得

$$\frac{\sqrt{2}}{4}T=\sqrt{\frac{l}{g}}\int_0^{\theta_\mathrm{m}}\frac{\mathrm{d}\theta}{\sqrt{\cos\theta-\cos\theta_\mathrm{m}}} \tag{2-3-10}$$

其中,T 为单摆周期。

令 $k=\sin\frac{\theta_\mathrm{m}}{2}$,并作变换 $\sin\frac{\theta}{2}=k\sin\varphi$,式(2-3-10)可写为

$$T=4\sqrt{\frac{l}{g}}\int_0^{\pi/2}\frac{\mathrm{d}\varphi}{\sqrt{1-k^2\sin^2\varphi}} \tag{2-3-11}$$

这是椭圆积分,计算可得

$$T=2\pi\sqrt{\frac{l}{g}}\left[1+\frac{1}{4}\sin^2\left(\frac{\theta_m}{2}\right)+\cdots\right] \tag{2-3-12}$$

在传统的手控计时方法下，单次测量周期的误差可达0.1～0.2 s，而多次测量又面临空气阻尼使摆角衰减的影响，因而应用式(2-3-12)仅能考虑到一级近似，不得不将$\frac{1}{4}\sin^2\frac{\theta_m}{2}$项忽略。但是，当单摆振动周期可精确测量时，必须考虑摆角对周期的影响，即用二级近似公式。在此实验中，测出不同的θ_m所对应的周期T，作出$T-\sin^2\frac{\theta_m}{2}$图，并对直线外推，从截距$b=2\pi\sqrt{l/g}$可以计算重力加速度$g$。也可以通过取点求斜率来计算$g$，即$g=\pi^2 l/4k^2$，$k$为斜率。

【实验内容与步骤】

1. 测量周期与摆长的关系

调节好计时器，预置开关次数(可以较大些，取40次，即20个周期)，测量不同的摆长对应的周期。

2. 测量周期与摆角的关系

调节计时器，预置开关次数(不宜太大，实验中可用10次，即5个周期)。将小球拉离平衡位置一段距离x，用调节好的水平直尺测量距离，应用三角函数计算出摆角θ_m的大小。放开小球，让小球在传感器所在铅直平面内摆动，测量其振动周期。取不同摆角，测量不同摆角对应的周期。

由于小球放手时的不一致性，因此在同一摆长同一摆角处应多次测量，求其平均值。

【实验数据】

1. 数据记录

(1) 周期与摆长的关系(摆角$\theta<5°$)，见表2-3-1。

表2-3-1　改变摆长l，在$\theta<5°$的情况下，测量周期和重力加速度

摆长 l/cm						
$t=20T$/s	1					
	2					
	3					
	4					
	5					
$\overline{T}$/s						
$\overline{T}^2/s^2$						
g						

(2) 周期与摆角的关系,见表 2-3-2。

摆线长度 $l_0=$ ______cm；摆球半径 $r=$ ______cm；总摆线长为 $l=$ ______cm。

表 2-3-2　固定摆长,测量不同摆角对应的周期

距离 x /cm						
$\sin^2\frac{\theta_m}{2}$						
$t=5T$/s	1					
	2					
	3					
	4					
	5					
$\overline{T}$/s						
g						

2. 数据处理

1) 周期与摆长的关系

● 作图法:根据表 2-3-1 的数据,作 T^2-l 直线,如图 2-3-3 所示。在直线上取两点 A 和 B,由式(2-3-7)计算重力加速度。

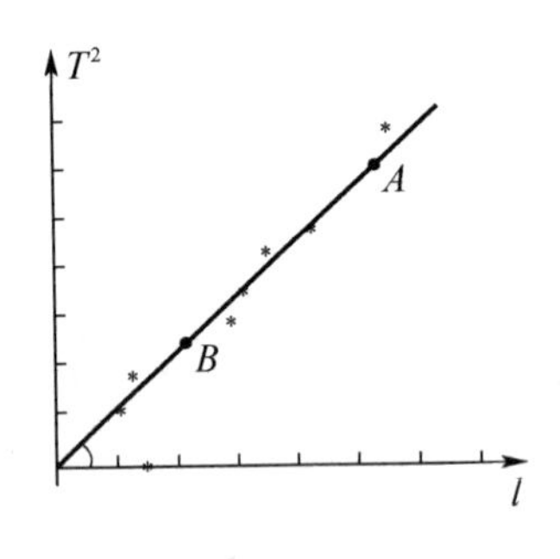

图 2-3-3　T^2-l 直线示意图

● 计算法:根据表 2-3-1 的数据,分别计算对应不同摆长的重力加速度 g_1、g_2、g_3、g_4、g_5,然后取平均。

2) 周期与摆角的关系

根据表 2-3-2 的数据,作 $T-\sin^2\frac{\theta_m}{2}$图线。求截距和斜率,计算重力加速度 g。

【思考题】

(1) 在固定摆长,测周期与摆角的关系时,为什么摆动次数不能太大?

(2) 设单摆摆角 θ 接近 0° 时的周期为 T_0，任意摆角 θ 时的周期为 T，两周期间的关系近似为 $T=T_0(1+\frac{1}{4}\sin^2\frac{\theta}{2})$。若在 $\theta=10^\circ$ 条件下测得 T 值，将给 g 值引入多大的相对不确定度？

(3) 用停表测量单摆摆动一个来回的时间 T 和摆动 50 周的时间 t，试分析二者的测量不确定度是否相近，相对不确定度是否相近。从中有何启示？

(4) 单摆公式在摆角很小时才严格成立，问当 $\theta=5^\circ$ 时，所测得的周期是偏大还是偏小？其可能原因是什么？

3.2　复摆与重力加速度的测量

【实验目的】

(1) 研究复摆摆动周期与回转轴到重心距离之间的关系。

(2) 测量重力加速度。

【实验仪器】 复摆、光电计时装置或秒表、卷尺等。

【实验原理】

复摆又称为物理摆，可理解为一个刚体的摆动，区别于一个质点所做的单摆。如图 2-3-4 表示一个形状不规则的刚体，挂于过 O 点的水平轴（回转轴）上，若刚体离开竖直方向转过 θ 角度后释放，它在重力力矩的作用下将绕回转轴自由摆动，这就是一个复摆。当摆动的角度 θ 较小时，摆动近似为谐振动。振动周期为

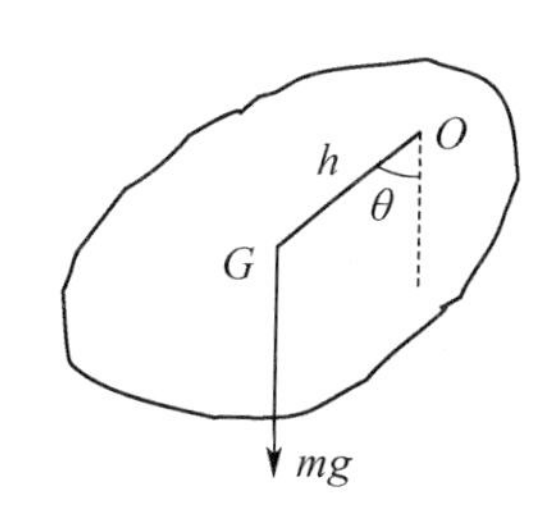

图 2-3-4　复摆示意图

$$T=2\pi\sqrt{\frac{I}{mgh}} \tag{2-3-13}$$

式中，h 为回转轴到重心 G 的距离；I 为刚体对回转轴 O 的转动惯量；m 为刚体的质量；g 是当地的重力加速度。设刚体对过重心 G，并且平行于水平的回转轴 O 的转动惯量为 I_G，根据平行轴定理得

$$I=I_G+mh^2 \tag{2-3-14}$$

将其代入式(2-3-13)，得

$$T=2\pi\sqrt{\frac{I_G+mh^2}{mgh}} \tag{2-3-15}$$

由此可见，周期 T 是重心到回转轴距离 h 的函数，且当 $h\to 0$ 或 $h\to\infty$ 时，$T\to\infty$。

进一步分析，存在一个 h，使得复摆绕对应的轴摆动周期为最小值，此时的 h 称为复

摆的回转半径,用 r 表示。由式(2-3-15)和极小值条件$\frac{dT}{dh}=0$得

$$r=\sqrt{\frac{I_G}{m}} \tag{2-3-16}$$

代回式(2-3-15)得最小周期为

$$T_{min}=2\pi\sqrt{\frac{2r}{g}} \tag{2-3-17}$$

在极小值点 $h=r$ 两边一定存在无限对回转轴,使得复摆绕每对回转轴中的任一轴摆动的周期相等,这样的一对回转轴称为共轭轴。假设某一对共轭轴分别到重心的距离为 h_1、$h_2(h_1\neq h_2)$,复摆绕它们转动对应的摆动周期为 $T_1=T_2=T$。利用式(2-3-15)可得

$$I_G=mh_1h_2,\quad T=2\pi\sqrt{\frac{h_1+h_2}{g}} \tag{2-3-18}$$

与单摆的周期公式 $T=2\pi\sqrt{\frac{l}{g}}$ 比较可知,复摆绕到重心距离为 h_1 的回转轴(或其共轭轴 h_2)摆动的周期与复摆所有质量集中于到该回转轴距离为 h_1+h_2(摆长)的单摆周期相等,故称 h_1+h_2 为该回转轴的等值摆长。可见,实验测出复摆的摆动周期 T 及该回转轴的等值摆长 h_1+h_2,由公式(2-3-18)就可求出当地的重力加速度 g 的值。

如图 2-3-5 所示,本实验所用复摆为一均匀钢板,它上面从中心向两端对称地开一些小孔。测量时分别将复摆通过小圆孔悬挂在固定刀刃上,便可测出复摆绕不同回转轴摆动的周期以及回转轴到重心的距离,得到一组(T、d)数据,作 $T—d$ 图。由于钢板是均匀的,复摆上的小圆孔也是对称的,所以在重心两侧 T 随 d 的变化是相同的,则实验曲线必为对称的两条。图 2-3-6 直观地反映出复摆摆动周期与回转轴到重心距离的关系,其中 A(第一个孔悬挂点的位置)、B 为一对共轭轴, D、C 分别与 A、B 对称,且构成另一对共轭轴,钢板绕四根轴摆动的周期都相等。不难得知 $AG=GD=h_1$,$BG=GC=h_2$,即 $AC=BD=h_1+h_2$ 为等值摆长,G 为重心。

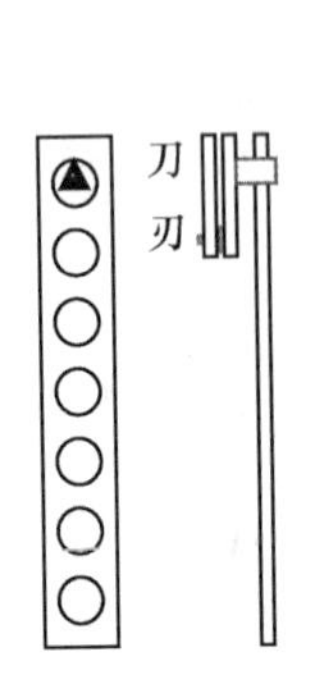

图 2-3-5 复摆

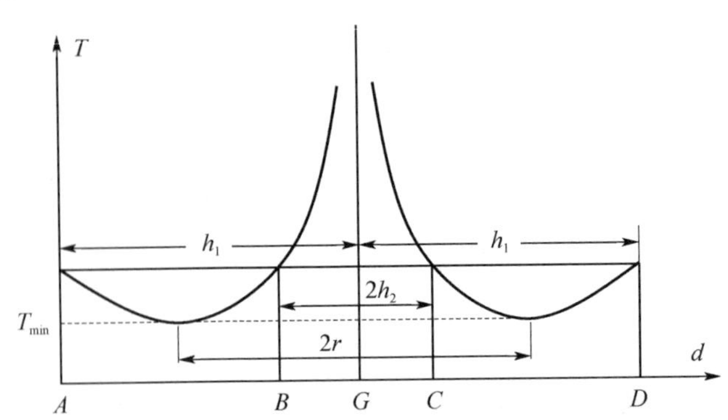

图 2-3-6 复摆周期与回转轴离重心距离的关系示意图

【实验内容与步骤】

(1) 用钢卷尺测出从复摆的一端到各个悬挂点的距离 d(要从一端而不是从两端量起)。

(2) 在复摆两端分别固定一个条形挡光片,然后将复摆一端第一个小圆孔挂在固定的水平刀刃上,使其铅直。调节光电计时装置使其符合测周期的要求。

(3) 测每个悬挂点的周期 T。

【实验数据】

1. 数据记录(见表 2-3-3)

表 2-3-3　复摆摆动周期与回转轴到重心距离的关系

d/cm	$t=20T$/s					$\overline{T}$/s
	1	2	3	4	5	

2. 数据处理

● 作图:根据表 2-3-3 的数据,作 $T-d$ 图线。如图 2-3-6 所示,作水平线得到 A、B、C、D,找出 h_1、h_2 和对应的周期 T。

● 计算:利用式(2-3-18)计算重力加速度 g。

【思考题】

(1) 什么是回转轴、回转半径、等值摆长?改变悬挂点时,等值摆长会改变吗?摆动周期会改变吗?

(2) 如果所用复摆不是均匀的钢板,重心不在板的几何中心,对实验的结果有无影响？两实验曲线还是否对称？为什么？

(3) 设想在复摆的某一位置上加一配重时，其振动周期将如何变化(增大、缩短、不变)？

3.3 三线摆与转动惯量的测量

转动惯量是刚体转动惯性大小的量度，是表征刚体特性的一个物理量。其数值为 $J=m_i r^2$，式中 m_i 表示刚体的某个质点的质量，r 表示该质点到转轴的垂直距离。转动惯量的大小除与物体质量有关外，还与转轴的位置和质量分布(形状、大小和密度)有关。如果刚体形状简单，且质量分布均匀，可直接计算出它绕特定轴的转动惯量。但在工程实践中，我们常碰到大量形状复杂，且质量分布不均匀刚体，理论计算将极为复杂，通常采用实验方法来测定。测定刚体转动惯量的方法很多，常用的有三线摆、扭摆、复摆等。

本实验采用的是三线摆，是通过扭转运动测定物体的转动惯量，其特点是物理图像清楚、操作简便易行、适合各种形状的物体，如机械零件、电机转子、枪炮弹丸、电风扇的风叶等的转动惯量都可用三线摆测定。

刚体绕互相平行诸转轴的转动惯量服从平行轴定理：刚体对一轴的转动惯量，等于该刚体对同此轴平行并通过质心之轴的转动惯量加上该刚体的质量同两轴间距离平方的乘积。

【实验目的】

(1) 掌握三线摆测定转动惯量的原理和方法。

(2) 验证平行定理。

【实验仪器】 三线摆、米尺、游标卡尺、数字毫秒计、圆环、质量相同的圆柱体两个。

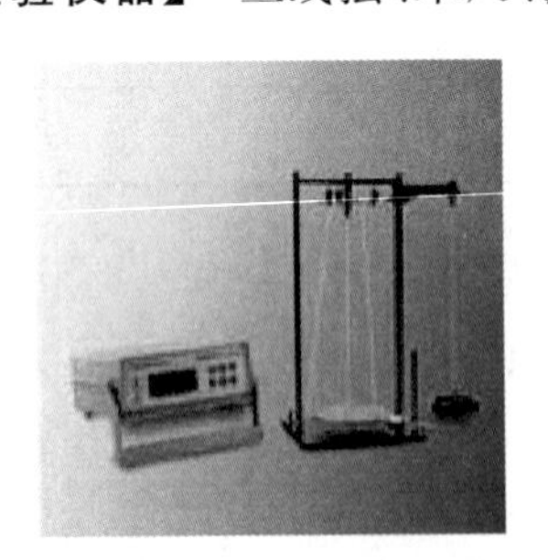

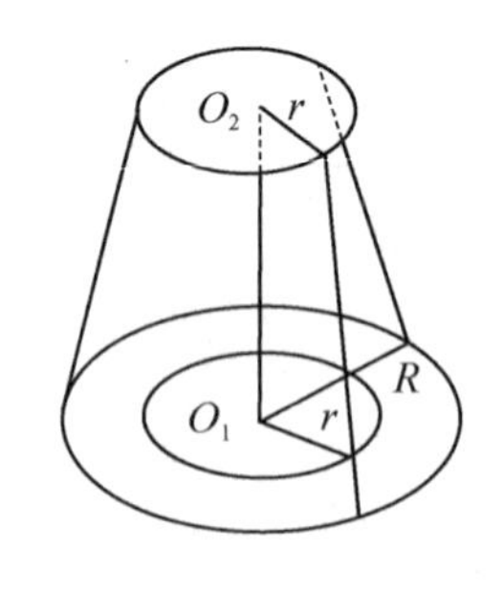

图 2-3-7　三线摆实物图与示意图

如图 2-3-7 所示，三线摆是将半径不同的两圆盘，用三条等长的线连接而成。将上盘吊起时，两圆盘面均被调节成水平，两圆心在同一垂线直线 O_1O_2 上。下盘 P 可绕中心线 O_1O_2 扭转，其扭转周期 T 和下盘 P 的质量分布有关。当改变下盘的转动惯量时，扭转周期将发生变化。三线摆是通过测量它的扭转周期去求出任一质量已知物体的转动惯量的实验装置。

【实验原理】

设下圆盘 P 的质量为 m_0，当它绕 O_1O_2 作扭动小角度 θ 时，圆盘的位置升高 h，如图 2-3-8所示。此时，圆盘的角速度为$\frac{\mathrm{d}\theta}{\mathrm{d}t}$。如果略去摩擦力，系统机械能守恒，即

$$\frac{1}{2}I_0\left(\frac{\mathrm{d}\theta}{\mathrm{d}t}\right)^2+m_0gh=\text{常数} \tag{2-3-19}$$

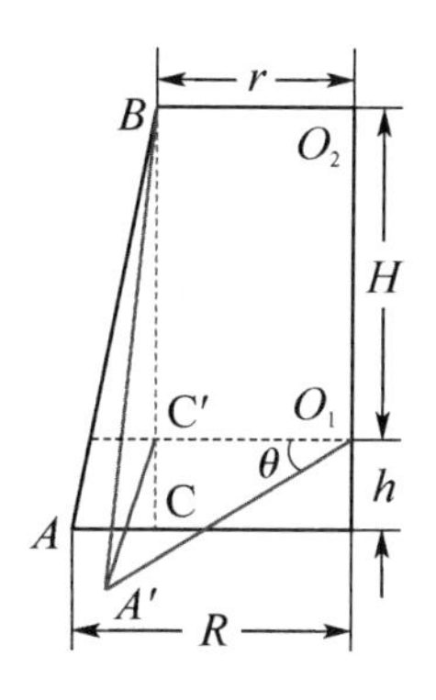

图 2-3-8　三线摆原理图

设上圆盘悬线悬挂点到圆心距离为 r，下圆盘悬线悬挂点到圆心距离为 R。下圆盘扭转一角度 θ 时，从上圆盘 B 点作下圆盘垂线，与升高 h 前后的下圆盘分别交于 C 和 C'，则

$$h=BC-BC'=\frac{BC^2-BC'^2}{BC+BC'} \tag{2-3-20}$$

因为 $BC^2=AB^2-AC^2=l^2-(R-r)^2$，$BC'^2=A'B^2-A'C'^2=l^2-(R^2+r^2-2Rr\cos\theta)$，所以 $h=\frac{2Rr(1-\cos\theta)}{BC-BC'}=\frac{4Rr\sin^2(\theta/2)}{BC+BC'}$。在扭转角较小时，$\sin\frac{\theta}{2}\approx\frac{\theta}{2}$，而 $BC+BC'\approx 2d_0$，d_0 为两盘之间的距离，则 $h=Rr\theta^2/2d_0$。将 h 代入式(2-3-19)，然后对 t 求导数，可得

$$\frac{\mathrm{d}^2\theta}{\mathrm{d}t^2}=-\frac{m_0gRr}{I_0d_0}\theta \tag{2-3-21}$$

这是一简谐振动方程，该振动的角频率 ω 满足 $\omega^2=m_0gRr/I_0d_0$。而振动周期为

$$T_0=2\pi\sqrt{\frac{I_0d_0}{m_0gRr}} \tag{2-3-22}$$

若测出 m_0、R、r、d_0、T_0，就可从上式求出下圆盘的转动惯量 $I_0=\frac{gRrm_0T_0^2}{4\pi^2d_0}$。如在下圆盘上放上另一个质量为 m、转动惯量为 I 的物体时，其振动周期为 T，则

$$T=2\pi\sqrt{\frac{(I+I_0)d_0}{(m+m_0)gRr}} \tag{2-3-23}$$

若测出周期 T，由式(2-3-22)和式(2-3-23)可得出被测物体的转动惯量为

$$I=\frac{gRr}{4\pi^2d_0}[(m+m_0)T^2-m_0T_0^2] \tag{2-3-24}$$

【实验内容与步骤】

1. 测定仪器参数

调节启摆盘(上圆盘)上的 3 个螺钉，使 3 根摆线的长度相等；将水准仪放置在悬挂盘(下圆盘)中央，调底脚螺钉使得悬挂盘水平。用钢卷尺测出两盘之间的距离 d_0；用游标卡尺测出上圆盘两悬挂点之间的距离 a，由于悬挂点构成一个正三角形，可得上盘圆心到

悬挂点的距离 $r=\frac{\sqrt{3}}{3}a$，利用同样的方法测量下圆盘圆心到悬挂点的距离 R；用游标卡尺测出圆环的内径 d_1 和外径 d_2；用天平或台秤测出待测样品圆环的质量 m（下圆盘的质量 m_0 已给出）。

2. 测量下圆盘对中心轴的转动惯量

当下圆盘静止时，将启摆盘转过一个小角度（5°左右），借助线的张力使下圆盘以 O_1O_2 为转轴作扭摆运动。当下圆盘的摆动稳定后，用秒表测量连续 20 次全摆动的时间，求出周期。利用式(2-3-22)求出下圆盘的转动惯量 I_0。

3. 测量圆环(圆柱)对中心轴的转动惯量

在下圆盘上放上待测圆环（圆柱），注意使圆环（圆柱）的质心恰好在转动轴上，测量系统的转动惯量。利用上述方法测量圆环（圆柱）和圆盘一起作摆动时的周期，利用式(2-3-24)求出圆环（圆柱）的转动惯量 I_C。然后利用卡尺测量圆环（圆柱）内、外直径，利用圆环（圆柱）转动惯量计算公式直接算出其转动惯量的理论值 I，比较上面的测量值，求出相对误差。

4. 验证平行轴定理

将质量和形状尺寸相同的两个圆柱对称地置于下圆盘中心的两侧，利用上面的方法测量此时圆柱的转动惯量 I'（计算结果除以 2）。再测出此时圆柱质心到中心转轴的距离 d，验证 $I'=I_C+m_1d^2$。

【实验数据】

下圆盘质量 $m_0=$________；圆环质量 $m=$________；圆柱质量 $m_1=$________，

下圆盘半径 $R=$________；上圆盘半径 $r=$________；两盘距离 $d_0=$________。

1. 测量圆环和圆柱对中心轴的转动惯量(见表 2-3-4)

表 2-3-4　圆盘和圆柱对中心轴的转动惯量的测量

物体		圆盘	圆盘＋圆环	圆盘＋圆柱
$t=20T/\mathrm{s}$	1			
	2			
	3			
	4			
	5			
$\overline{T}/\mathrm{s}$				
测量值 I_C				

续 表

物体	圆盘	圆盘+圆环	圆盘+圆柱
计算值 I	╲		
相对误差	╲		

2. 验证转动惯量的平行轴定理(见表 2-3-5)

表 2-3-5 验证平行轴定理

摆长 d/cm						
$t=20T$/s	1					
	2					
	3					
	4					
	5					
$\overline{T}$/s						
I'						
$I'-I_C$						
$m_1 d^2$						
$I'-I_C-m_1 d^2$						

【思考题】

(1) 测量周期时,为什么必须使下圆盘只作小角度扭转振动,而且不能出现前后左右的摆动?

(2) 将圆环放在下圆盘时,圆环中心不在转动轴上将产生什么影响?

(3) 考虑一测量方案,测量一个具有轴对称的不规则形状的物体对其对称轴的转动惯量。

实验四　拉伸法测量金属丝的杨氏弹性模量

根据胡克定律,在物体的弹性限度内,应力与应变成正比,比值被称为材料的杨氏弹性模量,它是表征材料性质的一个物理量,仅取决于材料本身的物理性质。杨氏弹性模量的大小标志了材料的刚性,描述固体材料抵抗形变能力。杨氏弹性模量越大,越不容易发生形变。

杨氏弹性模量是选定机械零件材料的依据之一,是工程技术设计中常用的参数。杨氏弹性模量的测定对研究金属材料、光纤材料、半导体、纳米材料、聚合物、陶瓷、橡胶等各种材料的力学性质有着重要意义,还可用于机械零部件设计、生物力学、地质等领域。测量杨氏弹性模量的方法一般有拉伸法、梁弯曲法、振动法、内耗法等。随着技术的发展,还出现了利用光纤位移传感器、莫尔条纹、电涡流传感器和波动传递技术(微波或超声波)等实验技术和方法测量杨氏弹性模量。

对于一根长为L,横截面积为S的钢丝,在外力F作用下伸长了ΔL,根据胡克定律有

$$\frac{F}{S}=E\frac{\Delta L}{L} \tag{2-4-1}$$

式中的比例系数E即是杨氏弹性模量,单位为$\mathrm{N/m^2}$。设实验中所用柱形钢丝直径为d,则$S=\pi d^2/4$,将其代入式(2-4-1)整理以后可得

$$E=\frac{4FL}{\pi d^2\Delta L} \tag{2-4-2}$$

上式表明,对于长度L,直径d和所加外力F相同的情况下,杨氏弹性模量较大的金属丝伸长量较小。

【实验目的】

(1) 掌握用拉伸法测定金属丝的杨氏弹性模量。

(2) 学会用光杠杆测量长度的微小变化。

(3) 学会用逐差法处理数据。

【实验仪器】 杨氏弹性模量测量仪、光杠杆、镜尺组、钢卷尺、螺旋测微计、钢直尺、砝码等。

杨氏弹性模量测量仪的结构如图2-4-1所示。金属丝的上端固定于横梁A上,下端被圆柱夹具D夹住。圆柱夹具为圆柱形,下方有挂钩,用于挂砝码。中央部分为固定平台G,中间有圆孔,圆柱体能在其中上下移动。圆孔中有一小的固定螺栓,用来使圆柱体只能上下移动,不能转动。双柱支架B的底部是三角架,调节底部螺钉,借助水准仪,可以将平台G调成水平状态。M为光杠杆,R、H为镜尺装置。

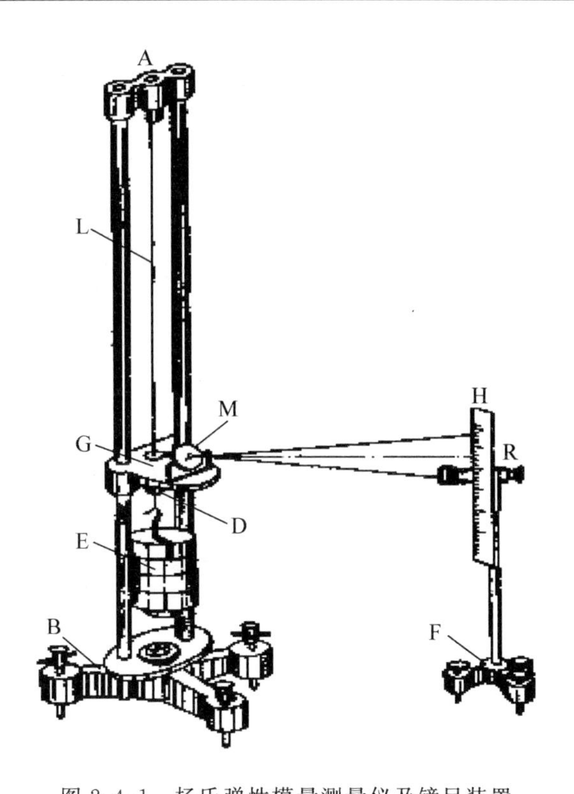

图 2-4-1　杨氏弹性模量测量仪及镜尺装置

A—横梁；L—金属丝；D—圆柱夹具；E—砝码及砝码托盘；B—双柱支架；G—平台；
M—光杠杆；H—标尺；R—望远镜；F—三角支架

【实验原理】

根据式(2-4-2)，为能测得金属丝的杨氏弹性模量 E ，必须准确测出式中右边的各量。其中 L、d、F 都可用一般方法测得，而 ΔL 是一个微小的变化量，用一般量具难以测准。为了测量细钢丝的微小长度变化，实验中使用了光杠杆放大法间接测量。

将光杠杆和镜尺系统按图 2-4-1 安装好，并按仪器调节步骤调节调整好所有装置后，就会在望远镜中看到由镜面 M 生成的直尺(标尺)的像。标尺是一般的米尺，但中间刻度为 0。其光路部分如图 2-4-2 所示。图中 M_1 表示钢丝处于伸直情况下，光杠杆小镜的位置。从望远镜的目镜中可以看见水平叉丝对准标尺的某一条刻度线 n_0，当在钩码上增加砝码(第 i 块)时，因钢丝伸长致使置于钢丝下端附着在平台上的光杠杆后足 P 跟随下降到 P'，PP' 为钢丝的伸长 ΔL_i，于是平面镜的法线方向转过一角度 θ，此时平面镜处于位置 M_2。在固定不动的望远镜中会看到水平叉丝对准标尺上的另一条刻度线 n_i。假设开始时光杠杆的入射和反射光线相重合，当平面镜转一角度 θ，则入射到光杠杆镜面的光线方向就要偏转 2θ ，故$\angle n_0On_i=2\theta$，因 θ 甚小，OO' 也很小，故可认为平面镜到标尺的距离

$D \approx O'n_0$，并有

$$\tan 2\theta \approx 2\theta \approx \frac{n_i - n_0}{D}, \quad \theta \approx \frac{n_i - n_0}{2D} \tag{2-4-3}$$

又从 $\Delta OPP'$，得

$$\tan \theta \approx \theta = \frac{\Delta L_i}{b} \tag{2-4-4}$$

式中，b 为后足至前足连线的垂直距离，称为光杠杆常数。从以上两式得

$$\Delta L_i = \frac{b(n_i - n_0)}{2D} = W(n_i - n_0) \tag{2-4-5}$$

$\frac{1}{W} = \frac{2D}{b}$，可称作光杠杆的“放大率”。上式中 b 和 D 可以直接测量，因此只要在望远镜测得标尺刻线移过的距离 $(n_i - n_0)$，即可算出钢丝的相应伸长 ΔL_i。将 ΔL_i 值代入式(2-4-2)后得

$$E = \frac{2LDF}{Sbn_i} = \frac{8LDF}{\pi b d^2 (n_i - n_0)} \tag{2-4-6}$$

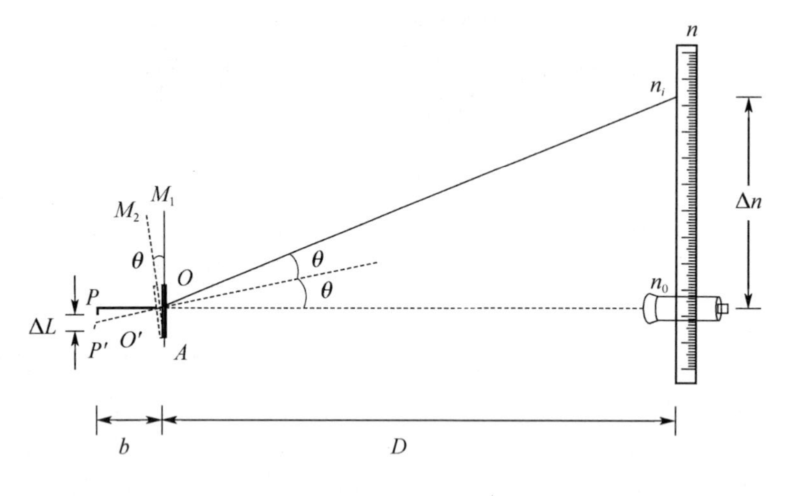

图 2-4-2　光杠杆原理图

【实验内容与步骤】

(1) 夹好钢丝，调整支架呈竖直状态，在钢丝的下端悬一钩码和适量砝码(这些重量不算在以后各次所加重量之内)，使钢丝能够自由伸张。

(2) 安置好光杠杆，前足足尖置于固定平台的沟内，后足足尖置于钢丝下端附着的平台上，并靠近钢丝，但不能接触钢丝。不要靠着圆孔边，也不要放在夹缝中。使平面镜 M 与平台大致垂直。

(3) 调节望远镜，使之与光杠杆平面镜处于同一高度(先调节望远镜目镜下的螺钉，

使望远镜大致水平，然后将望远镜移动靠近杠杆镜面，使两者等高）。最后移动镜尺支架，使望远镜离反射镜镜面 1～2 m。

(4) 沿望远镜筒上面的缺口和准星观察到平面镜中是否有标尺的像，若没有，可左右移动镜尺支架，直到标尺像出现在平面镜中。微调光杠杆镜面，使标尺零刻度线成像在平面镜的中央。

(5) 转动目镜，直到看清十字叉丝。然后调节调焦手轮，使从望远镜中观察到的平面镜中的标尺成像清晰。注意反复调节，当晃动眼睛时十字叉丝线与标尺刻度线之间无相对移动时后，可视为消除了视差。

(6) 微调光杠杆镜面的倾角和望远镜目镜下边的升降螺钉，使从望远镜中观察到的标尺零刻度在十字横丝附近。

(7) 试加几个砝码，估计一下满负荷时标尺读数是否够用，如不够用，应对平面镜进行微调，调好后取下砝码。

(8) 记录望远镜中水平叉丝对准的标尺刻度初始读数 n_0（不一定要为零），再在钢丝下端加砝码（1.0 kg），记录望远镜中标尺读数 n_1，以后依次加 1.0 kg 的砝码，并分别记录望远镜中标尺读数。这是增量过程中的读数。然后再每次减少 1.0 kg 的砝码，并记下减量时望远镜中标尺的读数。

(9) 用米尺或卷尺测量平面镜与标尺之间的距离、钢丝长度，用游标卡尺测量光杠杆长度 b（把光杠杆在纸上按一下，留下 Z_1、Z_2、Z_3 三点的痕迹，连成一个等腰三角形，作其底边上的高，即可测出 b）。用螺旋测微计测量钢丝直径 d，测量 5 次，因为钢丝直径不均匀，截面积也不是理想的圆，所以可以选择在钢丝的不同部位和不同的径向测量。

(10) 用分组逐差法计算(n_i-n_0)，即 $n_i-n_0=\frac{(n_3-n_0)+(n_4-n_1)+(n_5-n_2)}{3}$，此时 $F=mg$，$m=3$ kg，所以由式(2-4-6)就可以计算杨氏弹性模量 E。

【注意事项】

(1) 实验系统调好后，一旦开始测量，在实验过程中绝对不能对系统的任一部分进行任何调整。否则，所有数据将重新再测。

(2) 增减砝码时要防止砝码晃动，以免钢丝摆动造成光杠杆移动，并待系统稳定后才能读取数据。应注意，各槽码的槽口应相互错开，以防止因钩码倾斜致使槽码掉落，即要“口对口”放置。

(3) 注意保护平面镜和望远镜，不能用手触摸镜面。

(4) 待测钢丝不能扭折，如果严重生锈和不直必须更换。

(5) 望远镜调整要消除视差。

(6) 因刻度尺中间刻度为零，在逐次加砝码时，如果望远镜中标尺读数由零的一侧变化到另一侧时，应在读数上加负号。

（7）实验完成后，应将砝码取下，防止钢丝疲劳。

【实验数据】

$D=$________mm；$L=$________mm；$b=$________mm；$d=$________mm；

每个砝码的质量 $m=$________kg。

表 2-4-1　砝码质量和标尺读数

砝码质量/kg	1	2	3	4	5
n_+/mm					
n_-/mm					
$n=(n_+ + n_-)/2$					
E					

【思考题】

（1）从光杠杆的放大倍数考虑，增大 D 与减小 b 都可以增加放大倍数，那么它们有何不同？

（2）怎样提高测量微小长度变化的灵敏度？是否可以通过增大 D 来无限制地增大放大倍数？其放大倍数是否越大越好？放大倍数增大有无限制？

（3）本实验的各个长度量为什么要用不同的测量仪器测量？

（4）材料相同，但粗细、长度不同的两根金属丝，它们的杨氏弹性模量是否相同？

（5）本实验为什么要求格外小心、防止有任何碰动现象？

实验五　落球法测量液体的黏滞系数

液体的黏滞系数又称内摩擦系数。在稳定流动的流体中，各层流体的速度不同就会产生切向力，流动快的一层流体对慢的一层给以拉力，慢的一层对快的一层给以阻力，这一对力称为流体的内摩擦力或黏滞力。液体都具有黏滞性，这种黏滞力与相对速度成正比。斯托克斯公式指出，光滑的小球在无限广延的液体中运动时，当液体的黏滞性较大，小球的半径很小，且在运动中不产生旋涡，那么小球所受到的黏滞阻力为

$$F=6\pi\eta rv \tag{2-5-1}$$

式中，r 为小球的半径，v 为小球的速度，η 为液体黏滞系数。黏滞系数是液体黏滞性大小强弱的度量，研究和测定流体的黏滞系数，不仅在物性研究方面，而且在医学、化学、机械工业、水利工程、材料科学及国防建设中都有很重要的实际意义。例如，现代医学发现，许多心血管疾病都与血液黏度的变化有关，血液黏度的增大会使流入人体器官和组织的血流量减少，血液流速减缓，使人体处于供血和供氧不足状态，可能引发多种心脑血管疾病和其他许多身体不适症状，因此，测量血液黏度的大小是检查人体血液健康的重要标志之一。又如，石油在封闭管道中长距离输送时，其输运特性与黏滞性密切相关，因而在设计管道前，必须测量被输送石油的黏度。液体黏性受温度影响较大，通常随着温度升高而迅速减小。

测定黏滞系数的方法有多种，如转筒法、毛细管法、落球法等。落球法是通过小球在液体中的匀速下落，利用斯托克斯公式来测定的，常用于黏度较大的透明液体如蓖麻油、变压器油、机油、甘油等。本实验学习用落球法测定蓖麻油的黏滞系数。

如果一小球在黏滞液体中铅直下落，由于附着于球面的液层与周围其他液层之间存在着相对运动，因此小球受到黏滞阻力，它的大小与小球下落的速度有关。当小球作匀速运动时，测出小球下落速度，就可以计算出液体的黏度。斯托克斯法是测定液体黏滞系数的基本方法。

【实验目的】

(1) 观察液体中的摩擦现象。

(2) 掌握用落球法测定液体的黏度的原理和方法。

【实验仪器】 量筒、螺旋测微计、游标卡尺、钢板尺、钢球、塑料夹、秒表、温度计。

【实验原理】

当小圆球在黏滞液体中垂直下降时，它受到重力 G、浮力 f 和黏滞阻力 F 的作用。用 m 和 ρ 分别表示圆球的质量和密度，ρ' 表示液体密度，那么这 3 个力的大小分别为

$$G=\frac{4}{3}\pi r^3\rho g,\quad f=\frac{4}{3}\pi r^3\rho' g,\quad F=6\pi r\eta v \tag{2-5-2}$$

在运动过程中，小球运动速率越来越大，所受黏滞阻力也越来越大，直到当小球达到匀速下降的状态时，三力达到平衡，即满足 $G=F+f$，利用式(2-5-2)可得

$$6\pi r\eta v=\frac{4}{3}\pi r^3(\rho-\rho')g \tag{2-5-3}$$

如果用实验的方法测出小球匀速下降的速度，那么通过上式就可以求出该液体的黏滞系数为

$$\eta=\frac{2}{9}\frac{(\rho-\rho')r^2 g}{v} \tag{2-5-4}$$

上式是小球在无界均匀流体中运动条件下导出的，如果小球在半径为 R 的流体中运动，考虑界面的影响，应修正为

$$\eta=\frac{2}{9}\frac{(\rho-\rho')r^2 g}{(1+2.4r/R)v} \tag{2-5-5}$$

【实验内容与步骤】

(1) 用螺旋测微计测量小钢球的直径 d(选不同方向测量 5 次后取平均)。

(2) 用游标卡尺测量量筒的内直径 D(选不同方向测量 5 次后取平均)。

(3) 用钢板尺测量管子上 A、B 刻线间的距离 l(选不同方向测量 5 次后取平均)。

(4) 用塑料夹将浸润后的小钢球依次从各管子上端中心处放入，并用秒表记下小钢球在管子中 A、B 刻线间下落的时间 t(测量 10 次)。

(5) 测量液体温度 T；查阅或测量钢球和液体的密度。

(6) 计算黏滞系数 η。

【注意事项】

(1) 待测液体的深度足够，以保证小球能在期间处于匀速运动状态；

(2) 放入小球与测量其下落时间时，眼与手要配合一致；

(3) 小球表面应光滑无油污，小球要于管子轴线位置放入，管子内的液体应无气泡；

(4) 测量过程中液体的温度应保持不变，实验测量过程持续的时间间隔应尽可能短。

【实验数据】

钢球的密度 $\rho=$________ $g\cdot cm^{-3}$；液体的密度 $\rho'=$________ $g\cdot cm^{-3}$，

液体的温度 $T=$________℃。

表 2-5-1　相关长度参数测量

测量次数 / 物理量	1	2	3	4	5	平均值
钢球直径 d						

续表

物理量＼测量次数	1	2	3	4	5	平均值
量筒内径 D						
两刻线间距 l						

表 2-5-2　时间的测量

次数	1	2	3	4	5	6	7	8	9	10	平均值
t/s											

计算小球下落的速率，然后利用式(2-5-5)计算液体的黏滞系数。

实验六　落体运动与重力加速度的测量

仅在重力作用下，物体由静止开始竖直下落的运动称为自由落体运动。由于受空气阻力的影响，自然界中的落体运动都不是严格意义上的自由落体运动，只有在高度抽真空的试管内才可观察到真正的自由落体运动——一切物体（如铁球与鸡毛）以同样的加速度运动，这个加速度称为重力加速度。

重力加速度 g 是物理学中的一个重要参量。地球上各个地区的重力加速度，随地球纬度和海拔高度的变化而变化。一般来说，在赤道附近 g 的数值最小，纬度越高，越靠近南北两极，则 g 的数值越大。在地球表面附近 g 的最大值与最小值相差仅约 1/300。准确测定重力加速度 g，在理论、生产和科研方面都有着重要意义。而研究 g 的分布情形对地球物理学这一领域尤为重要。利用专门仪器，仔细测绘小地区内重力加速度的分布情况，还可对地下资源进行勘察。要求不高的情况下，可采用空气中落体运动方案测量当地的重力加速度。

【实验目的】

（1）验证自由落体运动方程。

（2）测量当地重力加速度。

【实验仪器】　自由落体实验仪、计时器。

自由落体实验仪则由支柱、电磁铁、光电门和捕球器构成，如图 2-6-1 所示。其主体是一个有刻度尺的立柱，其底座上有调节螺钉可用来调竖直。立柱上端有一电磁铁，可用来吸住小钢球。电磁铁断电后，小钢球下落并落入捕球器内。立柱上装有两对可沿立柱上下移动的光电门。本实验用的光电门由一个小的红外发光二极管和一个红外接收二极管组成，并与计时器相接。外发光二极管对准红外接收二极管，二极管前面有一个小孔可以减小红外光束的横截面。球通过第一个光电门时产生的光电信号触发计时器开始计时，通过第二个光电门时使之终止计时，因此，计时器显示的结果是两次遮光之间的时间，也即小球通过两光电门之间的时间。

本实验计时器采用多功能计时计数测速仪，计时单位为“ms”或“s”。

【实验原理】

仅受重力作用的初速为零的“自由”落体，如果它运动的路程不是很大，则其运动方程可表示为

$$s=\frac{1}{2}gt^2 \tag{2-6-1}$$

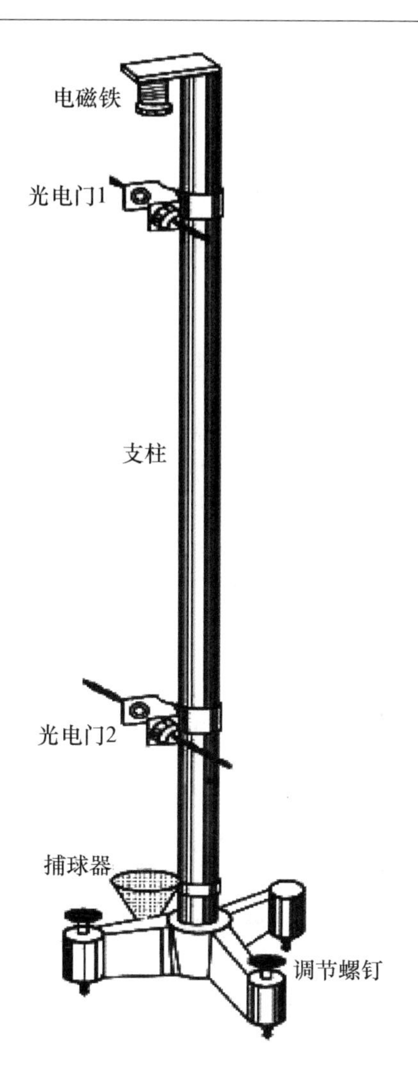

图 2-6-1　自由落体实验仪结构图

其中，s 为该自由落体运动的位移，t 为通过这段位移所用的时间。为了验证这一方程，我们只需取 s 一系列数值，然后通过实验分别测出对应的时间 t 即可。然而在实际测量时，一方面很难保证落体下落和开始计时的同步；另一方面来自于电磁铁有剩磁等原因，导致自由落体运动时间 t 和位移 s 都不容易测量准确。

在自由落体从静止开始运动通过一段位移达到 P 点时开始计时，即将第一个光电门放置在 P 点的位置，测出它继续自由下落一段路程 h 所用的时间 t（到达 Q 点即第二个光电门的位置），根据式(2-6-1)可得

$$h=v_0t+\frac{1}{2}gt^2 \tag{2-6-2}$$

这就是初速度不为零的自由落体运动方程，其中 v_0 是落体通过 P 点时的速度。

若令 $y=h/t$，$x=t$，式(2-6-2)可改写为

$$y=v_0+\frac{1}{2}gx \tag{2-6-3}$$

y 是 x 的线性函数。取 h 一系列给定值，通过实验分别测出对应的 x 值，然后作 $y-x$ 实验曲线即可验证自由落体运动方程并计算重力加速度。当然，重力加速度也可用测量数据按照如下公式计算：

$$g=\frac{2(y_2-y_1)}{x_2-x_1} \tag{2-6-4}$$

这里将式(2-6-1)中原本难于精确测定的距离 s 和时间 t 转化为其差值测量，即两个光电门之间的距离 h(在第一个光电门位置固定的情况下，该值等于第二个光电门在两次实验中的上下移动距离，可由第二个光电门在移动前后标尺上的两次读数求得)和其所测量的时间间隔。这些量可以准确测量的同时，不要求开始计时和小球下落同步，很大程度上减小了测量系统误差。

【实验内容与步骤】

(1) 用铅垂线将支柱调竖直，将第一光电门放置于支柱上标尺读数为 30 cm 的 P 处，第二个光电门置于 60 cm 的 Q 处，连接好光电门和计数器，并通电使其处于工作状态。

(2) 按“功能”键，使仪器处于计时状态；按“转换”键，选择计时单位为 ms。

(3) 按“电磁铁” 按钮，指示灯亮，此时可将小球放在电磁铁下使之被吸住，准备测量。

(4) 再次按“电磁铁” 按钮，指示灯灭，此时小球下落并依次经过两个光电门，两光电门配合计时器完成计时。

(5) 重复(3)～(4)步测量 5 次。按“取数” 键读出测量的各次下落时间，并记录在表 2-6-1 中。

(6) 清零后，将第二个光电门下移 10 cm，再重复(3)～(5)步。

【实验数据】

1. 数据记录(见表 2-6-1)

第一个光电门的位置 $s_1=$__________cm。

表 2-6-1　自由落体运动的位移(cm)和时间(ms)

数据组	s_2	$h=s_2-s_1$	t					$x=\bar{t}$	$y=h/x$
			1	2	3	4	5		
1	60	30							
2	70	40							
3	80	50							

续表

数据组	s_2	$h=s_2-s_1$	t					$x=\bar{t}$	$y=h/x$
			1	2	3	4	5		
4	90	60							
5	100	70							
6	110	80							

2. 数据处理

(1) 逐差法:根据公式(2-6-4)利用逐差法计算重力加速度,然后求平均值。

(2) 作图法:在坐标纸上按照做实验曲线的规则作 y—x 曲线,检查各测值点在本实验的测量误差范围内是否分布在一直线上。然后根据式(2-6-3),用两点式求出该直线的斜率可确定重力加速度 g 值;进一步将该实验曲线向左延长,找出其与 y 轴交点的坐标,确定落体在 P 的下落速度 v_0。

(3) 最小二乘法:为了能获得 g 的最佳值,可应用最小二乘法处理数据。最佳直线是通过$(\bar{x},\bar{y})$这一点的,在作图时应将点$(\bar{x},\bar{y})$在坐标纸上标出,并将作图的直尺以点$(\bar{x},\bar{y})$为轴心来回转动,使各实验点与直尺边线的距离最近而且两侧分布均匀,然后沿直尺的边线画一条直线。直线斜率为 $b=g/2$。

【思考题】

(1) 从逐差法处理数据中,分析本次实验误差的特点。

(2) 小球下落后,若计时器计时不停,为什么?

实验七　碰撞规律的研究

碰撞现象是物体间相互作用最直接的一种形式，在力学体系的形成过程中，碰撞问题的研究是重要课题之一，它为力学的基本定律提供了有力的依据。

【实验目的】

（1）理解碰撞规律和特点。

（2）了解气垫导轨的构造及使用，研究动量守恒定律。

【实验仪器】 气垫导轨、滑块、光电门、计数器、弹簧、尼龙粘胶带等。

气垫导轨是一种现代化的力学实验仪器。它利用小型气源将压缩空气送入导轨内腔。空气再由导轨表面上的气孔中喷出，在导轨表面与滑行器内表面之间形成很薄的气垫层。滑块浮在气垫层上，与轨面脱离接触，因而能在轨面上作近似无阻力的直线运动，极大地减小了由于摩擦力引起的误差，使实验结果接近理论值。结合打点计时器、光电门、闪光照相等，利用气垫导轨可以测定多种力学物理量和研究验证力学规律（如动量守恒定律、牛顿第二定律等）。

气垫导轨实验中的运动物体为滑块，滑块上部有 5 条 T 形槽，可用螺钉和螺帽方便地在槽上固定配件。下面的两条 T 形槽的中心正好通过滑块的质心，在这两条槽的两端安装碰撞器或挂钩，可使滑行器在运动过程中所受外力通过质心。在这两条槽的中部加上配重块后滑块的质心位置不会改变，如图 2-7-1 所示。

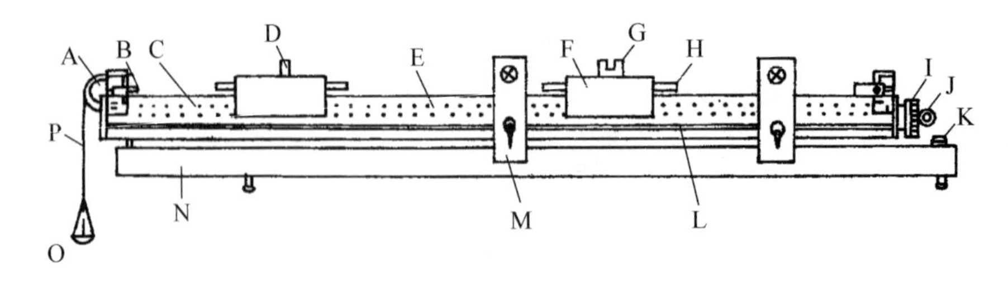

图 2-7-1　气垫导轨实验装置图

A—滑轮；B—缓冲弹簧；C—导轨；D—条形遮光片；E—气孔；F—滑块；

G—开槽遮光片；H—缓冲弹簧；I—进气管接口；J—三通进气管；

K—单脚底脚螺钉；L—标尺；M—光电门；N—支承梁；O—砝码；P—尼龙带

(1) 导轨。导轨是一根长度约为1.5 m平直的铝管,截面呈三角形。一端封死,另一端装有进气口,可向管腔送入压缩空气。在铝管相邻的两个侧面上有两排等距离的喷气小孔,当导轨上的小孔喷出空气时,在导轨表面与滑块之间形成一层很薄的“气垫”,滑块就浮起,它将在导轨上作近似无摩擦的运动。

(2) 滑块。滑块由角铝制成,长约20 cm,其内表面和导轨的两个侧面均经过精密加工而严密吻合。根据实验需要,滑块两端可加装缓冲弹簧、尼龙搭扣(或橡皮泥),滑块上面可加装不同宽窄的遮光片。

(3) 光电门。它主要由小灯泡(或红外线发射管)和光电二极管组成,可在导轨上任意位置固定。它是利用光电二极管受光照和不受光照时的电压变化,产生电脉冲来控制计时器“计”和“停”。光电门在导轨上的位置可由定位标志指示。

【实验原理】

当滑块在水平的导轨上沿直线做对心碰撞时,若略去滑块运动过程中受到的黏性阻力的影响,则两滑块在水平方向除受到碰撞时彼此相互作用的内力外,不受其他外力作用。故根据动量守恒定律,两滑块的总动量在碰撞前后保持不变。

设滑块A和B的质量分别为m_A和m_B,碰撞前二滑块的速度分别为$\boldsymbol{v}_{A0}$和$\boldsymbol{v}_{B0}$,碰撞后的速度分别为$\boldsymbol{v}_A$和$\boldsymbol{v}_B$,则根据动量守恒定律有

$$m_A\boldsymbol{v}_{A0}+m_B\boldsymbol{v}_{B0}=m_A\boldsymbol{v}_A+m_B\boldsymbol{v}_B \tag{2-7-1}$$

既然是一维运动,可写成

$$m_Av_{A0}+m_Bv_{B0}=m_Av_A+m_Bv_B \tag{2-7-2}$$

式中速度均为代数值,其正负号决定于速度方向与所选坐标轴方向是否一致。

碰撞过程中,通常定义恢复系数为碰撞后的分离速度与碰撞前的接近速度的比值,用e表示。即

$$e=\frac{v_B-v_A}{v_{A0}-v_{B0}} \tag{2-7-3}$$

在碰撞中,动能的损失可以通过式(2-7-2)和式(2-7-3)计算得出

$$\begin{aligned}\Delta E_k&=\frac{1}{2}(m_Av_{A0}^2+m_Bv_{B0}^2)-\frac{1}{2}(m_Av_A^2+m_Bv_B^2)\\&=\frac{1}{2}\frac{m_Am_B}{m_A+m_B}(1-e^2)(v_{A0}-v_{B0})^2\end{aligned} \tag{2-7-4}$$

若$v_{20}=0$,这时式(2-7-4)可写为

$$\Delta E_k=\frac{1}{2}\frac{m_Am_B}{m_A+m_B}(1-e^2)v_{A0}^2=\frac{m_B(1-e^2)}{m_A+m_B}E_0 \tag{2-7-5}$$

其中，E_0 为碰撞前的系统动能。当 $e=1$ 时，碰撞为完全弹性的，动能损失为零；$e=0$ 时，碰撞为完全非弹性的，动能损失量达到最大；一般情况下，$0<e<1$，碰撞为非完全弹性的，存在动能损失。滑块上的碰撞弹簧不同，e 值也不同，选用钢制弹簧，其值在 0.95～0.98 之间。

1．完全弹性碰撞

在滑块的相碰端装上弹性极佳的缓冲弹簧，则它们的碰撞可以近似看作没有机械能损失的完全弹性碰撞，利用式(2-7-2)和式(2-7-3)可得

$$v_A=\frac{(m_A-m_B)v_{A0}+2m_Bv_{B0}}{m_A+m_B}$$

$$v_2=\frac{(m_B-m_A)v_{20}+2m_Av_{A0}}{m_A+m_B} \tag{2-7-6}$$

(1) 若两滑块质量相等，即 $m_A=m_B$，且令 $v_{B0}=0$，根据式(2-7-6)可得

$$v_A=0 \quad v_B=v_{A0} \tag{2-7-7}$$

这说明碰撞后两滑块交换速度。

(2) 若 $m_A\neq m_B$，但 $v_{B0}=0$，根据式(2-7-6)可得

$$v_A=\frac{(m_A-m_B)v_{A0}}{m_A+m_B} \quad v_2=\frac{2m_Av_{A0}}{m_A+m_B} \tag{2-7-8}$$

2．完全非弹性碰撞

在滑块的相碰端装上尼龙粘胶带，碰撞后两者会粘在一起以同一速度运动 v，利用式(2-7-2)和式(2-7-3)可得

$$v=\frac{m_Av_{A0}+m_Bv_{B0}}{m_A+m_B} \tag{2-7-9}$$

(1) 若两滑块质量相等，即 $m_A=m_B$，且令 $v_{B0}=0$，根据式(2-7-9)可得

$$v=v_{A0}/2 \tag{2-7-10}$$

(2) 若 $m_A\neq m_B$，但 $v_{B0}=0$，根据式(2-7-9)可得

$$v=\frac{m_Av_{A0}}{m_A+m_B} \tag{2-7-11}$$

【实验内容与步骤】

(1) 连接气垫导轨的电源，使它工作，并调平导轨水平：把一个滑块放在气垫导轨上，通过调节气垫导轨右侧下方的螺母旋钮，使滑块可以静止在导轨上；

(2) 检查和调节滑块上的碰撞弹簧，使两个滑块的碰撞弹簧圈在同一水平面上，保证两者之间发生的碰撞是对心碰撞；

(3) 连接光电门与电脑通用计数器，并接通计数器电源，按“功能”键，使计数器处于

速度记录状态(碰撞);按“转换”键,把单位调节到 cm/s;把两个光电门之间的距离调节合适,保证每次测速与碰撞之间的时间间隔尽可能短(为什么?)。

(4) 试测,分清两个光电门对应的编号。把两滑块放在导轨上,推动一个滑块从左侧开始运动,经过左侧光电门时,计数器会显示一个读数,如 P_{11} 或 P_{21},其中第一个下标表示光电门的编号,第二个下标表示某光电门相继测得的第几个速度。

(5) 在两个滑块的相碰端装上弹性极佳的缓冲弹簧,并按计数器“功能”键,使计数器复零。令 B 滑块(质量为 m_B)静止在气垫导轨上两个光电门之间,然后在气垫导轨左端轻轻地在棱脊上推动 A 滑块(质量为 m_A, $m_A=m_B$),它经过左侧光电门(设为 1 号)在两个光电门之间与 B 滑块发生碰撞,当被碰后的 B 滑块经过右侧光电门(设为 2 号)后,把 A、B 两滑块拿离气垫导轨,从计数器上读出 P_{11}、P_{21}。重复这一步骤测量多组数据并填入表 2-7-1 中。

(6) 在两个滑块的相碰端装上尼龙粘胶带,以便碰撞后两者会粘在一起,并按计数器“功能”键,使计数器复零。让 B 滑块(质量为 m_B)从右向左运动经过右侧光电门(设为 2 号),让 A 滑块(质量为 m_A)从左向右运动经过左侧光电门(设为 1 号),使两者在两个光电门之间发生对碰并粘在一起运动。若两者向左(或右)运动,待左(或右)侧滑块经过左(或右)侧光电门时,立即将滑块拿离气垫导轨,从计数器上读出 P_{11}、P_{21}、P_{12}(或 P_{22})。重复这一步骤测量多组数据并填入表 2-7-2 中(注意数值的符号)。

【实验数据】

数据记录

表 2-7-1　完全弹性碰撞

$v_{B0}=0\ m/s$;　　$m_A=m_B=$__________kg

物理量 \ 测量次数		1	2	3	4	5	6
实验值	$v_{A0}(P_{11})$						
	$v_B(P_{21})$						
$E_B=\left\|\frac{v_B-v_{A0}}{v_{A0}}\right\|$							
$e=\|v_B/v_{A0}\|$							
ΔE_K							

$\bar{e}=$____________

表 2-7-2　完全非弹性碰撞

$m_A=$ ________ kg；　$m_B=$ ________ kg

物理量 \ 测量次数		1	2	3	4	5	6
实验值	v_{A0}（P_{11}）						
	v_B（P_{21}）						
	v（P_{12}或 P_{21}）						
$v'=\dfrac{m_A v_{A0}+m_B v_{B0}}{m_A+m_B}$							
$E_v=\|(v-v')/v'\|$							
ΔE_K							

第三章　电磁学实验

电磁学是现代科学技术的主要基础之一，在此基础上发展起来的电工技术和电子技术不仅广泛应用于农业、工业、通信、交通、国防以及科学技术各个领域。电磁学实验是普通物理实验中最重要的一门，其内容包括：基本电磁量的测量方法及主要电磁测量仪器仪表的工作原理和使用方法两部分。下面简单介绍电磁测量的方法、电磁学实验中常用的一些仪器及电磁学实验中一般应遵循的操作规则。

§1　电磁测量方法

一、电磁测量的作用、特点和内容

1. 电磁测量的作用

电磁学实验是物理实验的一个重要组成部分，它可以使学生在实验过程中对电磁学的基本规律、基本现象进行观察、分析和测量。电磁测量的范围很广泛，尤其是近年来随着科学技术的发展，电磁测量技术突飞猛进，测量仪器的制造工艺不断改进，使电磁学实验内容更加丰富。电磁测量的方法是测量技术中的基本方法，电磁测量仪器、仪表是基本的测量器具，在测量技术领域中，都不同程度地使用电磁测量仪器、仪表。电磁测量，除可以实现各种电磁量和电路元件特性的测量之外，还可以通过各种传感器，将各种非电量转换为电量进行测量。电磁测量在物理学和其他科学领域中获得了极其广泛的应用，已经成为科学研究及工农业生产的强有力的手段。

2. 电磁测量的特点

电磁测量之所以成为科研与现代生产技术的重要基础，是因为它具有以下特点。

(1) 测量精度高。特别是从 1990 年起，电学计量体系的基准从实物基准过渡到量子基准，从而可以利用这些量子标准来校准电子测量仪器，使电子仪器与测量技术的精确度达到接近理论值的水平。

(2) 反应迅速。电子仪器与电子测量速度很快,响应时间很短。

(3) 测量范围大。电子仪器的测量数值范围和工作的量程很宽。如数字电压表的量程可达 10^{11} V 以上,数字欧姆表可测范围为 $10^{-5}\sim10^{17}\,\Omega$。

(4) 可进行遥控,实现远距离测量。

(5) 可实现自动化测量。

(6) 非电量可以通过传感器转换为相应的电磁量进行测量。

3. 电磁测量的内容

电磁测量的内容非常广泛,包括以下几个方面。

(1) 电磁量的测量。例如,电压、电流、电功率、电场强度、介电常数、磁感应强度、磁导率等的测量。

(2) 信号特性的测量。例如,信号频率、周期、相位、波形、逻辑状态等的测量。

(3) 电路网络特性的测量。例如,幅频特性、相移特性、传输系数等的测量。

(4) 电路元器件参数的测量。例如,电阻、电容、电感、耗损因数、Q 值、晶体管参数等的测量。

(5) 电子仪器性能的测量。例如,仪器仪表的灵敏度、准确度、输入/输出特性等的测量。

(6) 各种非电量(如温度、位移、压力、速度、重量等)通过传感器转化为电学量的测量。

二、电磁测量方法

电磁测量的内容很丰富,测量的方法也很多,一个物理量,常可以通过不同的方法来测量。

1. 电磁测量方法的分类

电磁测量的方法很多,常分为“直读测量法”和“比较测量法”两大类。

1) 直读测量法

直读测量法是根据一个或几个测量仪器的读数来判定被测物理量的值,而这些测量仪器是事先按被测量的单位或与被测量有关的其他量的单位而分度的。

直读测量法又可以分为两种。一是直接测量法。例如,用安培表测量电流,用伏特表测量电压,用欧姆表测量电阻。测量仪器安培表和伏特表等是分别按安培、伏特等事先分度的。这种情况,被测量的大小直接从仪器的刻度尺上读出,它既是直读法又是直接测量法。二是间接测量法。例如,利用部分电路欧姆定律 $R=V/I$,用安培表直接测量流过待测电阻的电流 I,用伏特表直接测量电阻两端的电压 V,然后间接计算出电阻值 R。这种方法使用的仍然是直读式仪器，而被测的量 R 是由函数关系 $R=V/I$ 计算得到的。

直读测量法由于方法简单而被普遍采用。但是，由于准确度比较低，因此直读测量法适用于对测量结果不要求十分准确的各种场合。

2）比较测量法

比较测量法是将被测量与标准量作比较而决定被测的量值的方法。这种方法的特点，是在测量过程中要有标准量参加工作。例如，用电桥测量电阻，用电位差计测量电压的方法都是比较法。比较测量法也有直接测量和间接测量两种，被测的量直接与它的同种类的标准器相比较就是直接比较法。例如，某一电阻与标准电阻相比较就是直接比较法。间接比较法是利用某一定律所代表的函数关系，用比较法测量出有关量，再由函数关系计算出被测量的值，例如，用比较法测出流经标准电阻 R_S 上的电压 V，再利用欧姆定律 $I=V/R_S$ 算出电流强度 I 的大小，就是间接比较法。

比较测量法又分为以下三类。

（1）零值测量法。

它是被测的量对仪器的作用被同一种类的已知量的作用相抵消到零的方法。由于比较时电路处于平衡状态，所以这种方法又称为平衡法。例如，用电位差计测量电池的电动势时，就是用一已知的标准电压降和被测电动势相抵消，从已知标准电压降的电压值来得知被测电动势的值。零值法的误差取决于标准量的误差及测量的误差。

（2）差值测量法。

它也是被测的量与标准量作比较，不过被测的量未完全平衡，其值由这些量所产生的效应的差值来判断。差值法的测量误差取决于标准量的误差及测量差值的误差。差值越小，则测量差值的误差对测量误差的影响越小。差值测量法所用的仪器有非平衡电桥、非完全补偿的补偿器等。

（3）替代测量法。

将被测的量与标准量先后代替接入一测量装置中，在保持测量装置工作状态不变的情况下，用标准量值来确定被测的量的方法称为替代法。当标准量为可调时，用可调标准量的方法保持测量装置工作状态不变，则称为完全替代法。如果标准量是不可调的，允许测量装置的状态有微小的变动，这种方法称为不完全替代法。在替代法测量中，由于测量装置的工作状态不变，或者只有微小变动，测量装置自身的特性及各种外界因素对测量产生的影响是完全或绝大部分相同的，在替代时可以互相抵消，测量准确度就取决于标准量的误差。

2．选择测量方法的原则

一个物理量，可以通过直接测量得到，也可以通过间接测量得到，可以用直读测量法，也可以用比较测量法进行测量。那么如何选择合适的测量方法呢？选择测量方法的原则如下。

（1）所选择的测量方法必须能够达到测量要求(包括测量的精确度)。

（2）在保证测量要求的前提下,选用简便的测量方法。

（3）所选用的测量方法不能损坏被测元器件。

（4）所选用的测量方法不能损坏测量仪器。

§2　电磁学实验中的常用仪器

电磁学实验中的常用基本仪器很多，包括电源、电表、电阻器、电感器、电容器，以及示波器、信号发生器、频率计等。这里仅就其中几种作简单介绍，其余的将在后续实验中进一步学习。

一、电源

1. 直流电源

在电路中常用 DC 表示直流电源。目前实验室常用的直流电源有直流稳压电源、直流稳流电源和干电池。

1）干电池

干电池电动势为 1.5 V，内阻小，电压瞬时稳定性好，长期使用电压降低，内阻增大，适用于耗电少的实验。干电池体积小，重量轻，便于携带，使用方便。

2）直流稳压电源

该电源输出电压稳定性好，稳定时间长，内阻小，功率大，使用方便，只要接到 220 V 交流电源上即能获得直流输出的电压。固定电压的有 4.5 V、6 V；可调式的有 0～24 V 或 0～30 V，可分挡或连续输出。

直流稳压电源面板上一般有电源开关、输出电压调节旋钮（有的分为粗调和细调）、仪表监视选择开关和输出端子（正极、负极和接地端）等。

3）直流稳流电源

直流稳流电源内阻很大，在一定负载范围内输出稳定的电流，电流大小可调。

使用电源时应注意以下几点：严防电源短路；使用电流不得超过额定电流；使用直流电源，注意正（＋）、负（－）极，电流从正极流出，经外电路由负极流回。

2. 交流电源

一般电路中以 AC 表示交流电源。实验室中常用的是 220 V、50 Hz。欲获得 0～250 V 连续可调的电压，常用调压变压器如图 3-0-1 所示。从①、②两接线柱输入

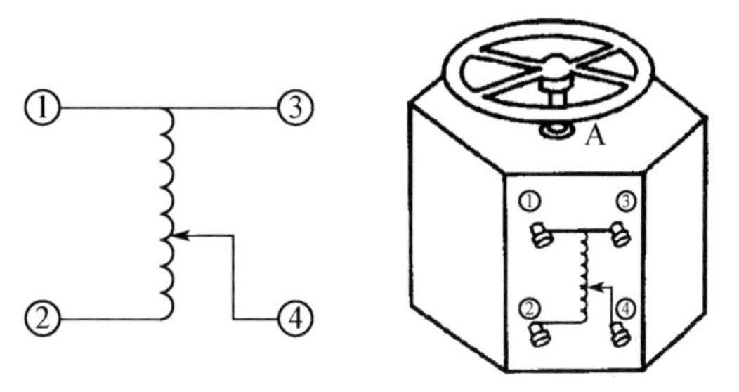

图 3-0-1　交流电源及其表示

220 V交流电压，调节手柄 A 从③、④两接线柱可输出 0～250 V 连续可调的交流电。

二、直流电表

1. 电表的基本构造与原理

实验室常用的直流电表大多为磁电式电表，它的内部构造与原理如图 3-0-2 所示。图中圆筒状极掌之间铁芯的使用是使极掌和铁芯之间磁场很强，并使气隙间磁感线呈均匀辐射状。当线圈中有电流通过时，线圈受电磁力矩而偏转，同时弹簧游丝又给线圈一个反向回复力矩使线圈平衡在某一角度，此偏转角度与电流大小成正比。线圈串并联不同电阻，即可构成不同量程的伏特计、安培计。随着集成元件的成本降低，数字式电表的应用也日趋广泛。要做到正确选择和使用电表，必须了解电表的主要规格、电表接入电路的方法和正确读数的方法。

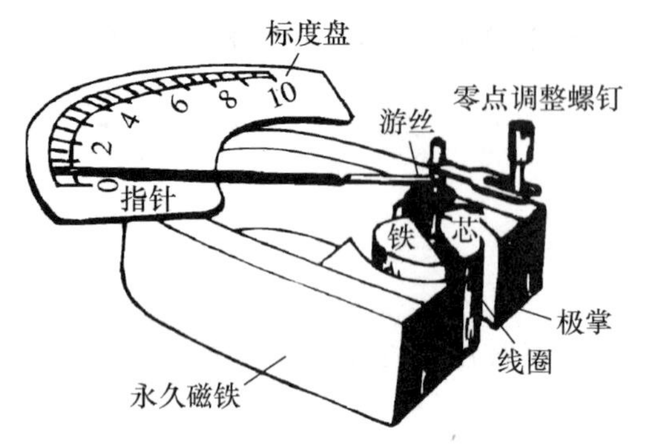

图 3-0-2　磁电式电表的构造

2. 电表的规格

量程：是指电表可测的最大电流值或电压值。

内阻：电流表的内阻越小量程越大，一般电流表的内阻由说明书给出或由实验测出。安培表内阻一般在 0.1 Ω 以下，毫安表一般为几欧姆至一二百欧姆，微安表一般为几百欧姆至一二千欧姆。电压表的内阻越大，对被测对象的影响越小。电压表各量程的内阻与相应电压量程之比为一常量，这常量称每伏特欧姆数，常在电压表标度盘上标明，它的单位为 Ω/V，它是电压表的重要参数。所以，电压表内阻＝量程×每伏特欧姆数。

电表准确度等级：电表准确度等级指数的确定取决于电表的误差，包括基本误差和附加误差两部分。电表的附加误差考虑比较困难，在教学实验中，一般只考虑基本误差。电表的基本误差是由其内部特性及构件等的质量缺陷引起的。国家标准规定，电表的准确度等级共分为 0.1、0.2、0.5、1.0、1.5、2.5、5.0 七个级别。设电表的等级为 a，电表的量程为 X_m，电表的最大引用误差为 Δ_m，它们满足关系式 $a\% \geqslant \frac{\Delta_m}{x_m} \times 100\%$，即电表准确度等级的百分数表示合格的该等级的电表在规定条件下使用时所允许的最大引用误差。例如，有一个 0.5 级、量限值为 0～1 A 的电流表，其最大引用误差 $\Delta_m \leqslant 5$ mA，这表示生产厂家生产此种规格的电表，其基本误差必须在±5 mA 以内，而在实验室使用此规格的电表时，可以认为它的最大绝对误差不超过 5 mA。

电表的使用和读数应注意以下几点。

(1) 正确选择量程。选用电表时应让指针偏转尽量接近满量程，一般使 $x_i \geqslant \frac{2}{3} x_m$。当待测物理量大小未知时，应首选较大量程，然后根据偏转情况选择合适量程。

(2) 电表接入电路的方法。电流表应与待测电路串联；电压表应与待测电路并联。注意电表极性，正端接高电位，负端接低电位；电流表不能与电源直接连接，否则将会烧坏。

(3) 正确读取示值。测量前应微调调零螺钉使电表指针指零；为了减小读数误差，眼睛应正对指针；对于配有镜面的电表，必须看到指针镜像与指针重合时再读数；一般应该估读到电表最小分度的 $\frac{1}{10} \sim \frac{1}{2}$。

(4) 应尽量在规定的允许条件下使用电表，从而尽量减小影响量带来的附加误差。

(5) 为了减小电表内阻对测量结果的影响，在实际测量时应合理选择测量线路。例如，在伏安法测电阻的实验中，应根据安培计内阻 r_g 与待测电阻 R_x 的相对大小，选择安培计的内接法线路和外接法线路。

3. 电表的常用标识符号(见表 3-0-1)

表 3-0-1　电表表盘标记符号

名称	符号	名称	符号	名称	符号	名称	符号
检流计	G	千伏	kV	磁电式		垂直放置	⊥
千安	kA	伏特	V	电磁式		水平放置	⊓
安培	A	毫伏	mV	电动式		倾斜放置	∠
毫安	mA	欧姆	Ω	直流	—	准确度等级 0.5	0.5
微安	μA	兆欧	MΩ	交流	~	调零器	

三、万用电表

1. 万用电表的用途及面板构造

万用电表是实验室常用仪表，它是一种多功能、多量程、便于携带的电子仪表。一般用来测量直流电流、交直流电压和电阻。

万用电表由表头、测量线路、转换开关及测试表笔等组成。表头用来指示被测量的数值;测量线路用来把各种被测量转换为适合表头测量的直流微小电流或者电压;转换开关用来实现对不同测量线路、不同量程的选择,以适合各种被测量的要求。

万用表可以分为模拟式和数字式万用电表。模拟式万用电表是由磁电式测量机构作为核心,用指针来显示被测量数值;数字式万用电表是由数字电压表作为核心,配以不同转换器,用液晶显示器显示被测量数值。

各种模拟式万用电表的面板布置不完全相同,但其面板上都有刻度盘(显示各种被测量的数值及范围)、机械调零螺钉(用于校准指针的机械零位)、量程选择开关(根据具体情况转换不同的量程、不同的物理量)、欧姆表"调零"旋钮(用来进行电阻零位调节)和表笔插孔等。MF30 型万用电表外形如图 3-0-3 所示。

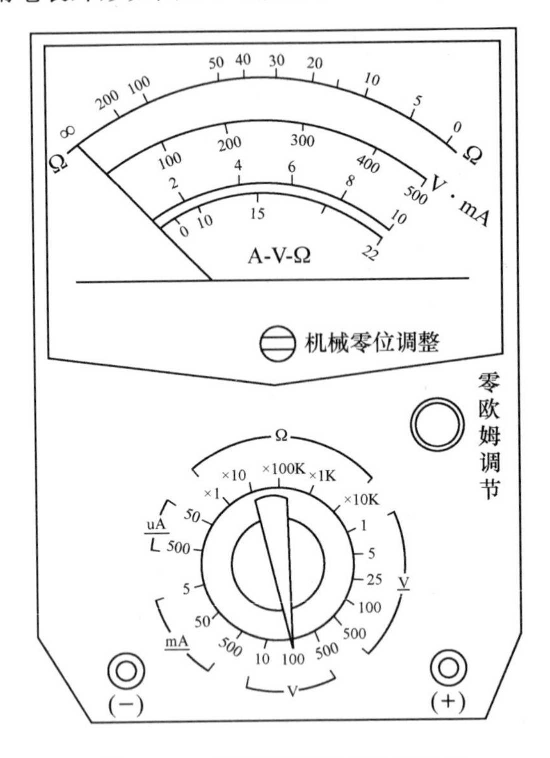

图 3-0-3　MF30 型万用电表的面板

2. 万用电表的使用方法

虽然万用电表的形式多种多样,但使用方法大体相同。在此以 MF30 型万用电表为例来说明万用电表的使用方法。

(1) 零位调整:使用前应注意指针是否指在零位上。如不指在零位时,可调整表上的机械零位调节器,调至零位。

(2) 直流电流的测量:测量前先估计被测量的大小,再将转换开关旋在适当量程的直流微安或毫安的挡位上。这时万用电表相当于一个直流微安(或毫安)表。假定转换开关旋在直流 5 mA 挡位上,读表盘上 0～500 V · mA 标度尺的数值,则被测电流的实际值=标度尺上的读数÷100。

在测量电流时,电表串联在被测支路中,待测的电流通过电表。因此,电表的内阻会造成一定数值的电压降(一般在几十毫伏到几百毫伏)。此电压降将引起电路工作电流的变化,造成测量误差。万用表毫安(mA)挡量程越小,内阻越大。适当选择大一些的量程,可以减少由电表内阻造成的误差。

(3) 直流电压的测量:将红色表笔插在"+"插口,黑色表笔插在"-"插口。将范围选择开关旋至测量直流电压的挡位。如不能确定被测电压的大约数值时,应先将范围选择开关旋至最大量程上,根据指示值的大约数值,再选择适宜的量程位置上,使指针得到较大的偏转度。

(4) 交流电压测量:方法与测量直流电压相似,只要将选择开关旋至交流电压范围内即可。

(5) 电阻的测量:将选择开关旋至"Ω"各挡范围,并将红黑表笔短接,指针即向"0 Ω"偏转,调节电位器,使指针准确指在欧姆刻度的零位上。然后将表笔分开去测量未知电阻的阻值。由于通过表头的电流与被测电 R_x 不是正比关系,所以表盘上的电阻标度尺是不均匀的。万用表的 Ω 挡分为×1、×10、×1 K 等几挡位置。刻度盘上 Ω 的刻度只有一行,其中 1、10、1 K 等数值即为电阻 Ω 挡的倍率。被测电阻的实际值=标度尺上的读数×倍率。例如,转换开关旋在 1 K 位置,测试笔外接一被测电阻 R_x,这时指针若指着刻度盘上的 30 Ω 则 $R_x=30\times1\ \text{K}=30\ \text{k}\Omega$。

由于电池的电动势会下降,所以在每次换挡后测量之前,先将两根表笔短接,转动调零电位器,使指针指在 0 Ω 的位置,而后再进行测量。

3. 使用万用表时的注意事项

(1) 用一副红、黑表笔分别插在表的"+"、"-"(或"*")插孔里,每次测量前应预先选好待测的量程挡级。

(2) 测直流电路上两点间电压时,黑色表笔接低电位点,红色表笔接高电位点。

(3) 测直流电流时,要把电表串入支路中,所以必须先把被测支路断开。如果没有断开支路就把两支测试笔搭到支路的两端点上去,实际上是用电流表去测电压,电表即被烧毁。

(4) 测电阻前,要进行零欧姆调节。测量时,指针越接近欧姆刻度中心读数,测量结果越准确,所以要选择适当的倍率。每换一个量程,都要重新调零。绝对不能在带电线路上测量电阻。因为这样做实际上是把欧姆表当作电压表使用,极易使电表烧坏。在测量电阻时，人的两只手不要同时接触两笔尖的金属部分，以避免人体电阻的并入。电阻（或电流）测量完毕后，应将转换开关旋至空挡或直流最高电压（如～500 V）挡位，这是防止误用欧姆挡（或电流挡）测电压的良好习惯。

（5）利用欧姆挡来测试半导体元件时，要记住红表笔与表内电池的负端相接，表内电池的电流自黑色表笔流出。

归纳起来，使用万用表时要遵循“一看、二扳、三试、四测”四个步骤。

一看：测量前，看看仪表连接是否正确，是否符合被测量的要求。要测电流时，仪表必须串联在被测的支路中；在测电阻前，仪表要调零。

二扳：按照被测电量的种类（如直流电压、电阻等）和估计的大小，将转换开关扳到适当的挡位。若不知被测量范围，可先选较高的量程，逐渐降低到适当的量程。

三试：测量前，先用表笔触被测试点，同时观看指针的偏转情况。如果指针急剧偏转并超过量程，应立即抽回表笔，检查原因，予以改正。

四测：试验中若无异常现象，即可进行测量，读取数据。

四、电阻箱

1. 电阻箱的构成及阻值计算方法

电阻箱的面板如图 3-0-4 所示，其内部是由一套锰铜线绕制的标准电阻构成，按图 3-0-5连接。旋转电阻箱上的旋钮，可以得到不同的电阻值。当×100 挡指 6 时表示电阻值为 600 Ω，×10 挡指 6 时表示电阻值为 60 Ω，×1 挡指 2 时表示电阻值为2 Ω，×0.1 挡指 0 时表示电阻值为 0.0 Ω，这时电阻箱总电阻为 6×100+6×10+2×1+0×0.1=662.0 Ω。

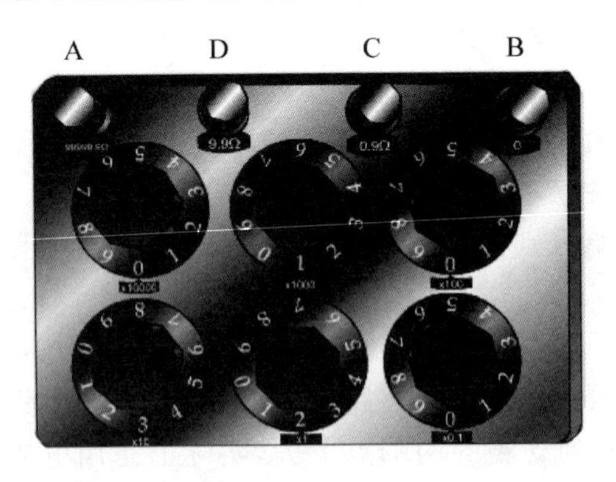

图 3-0-4　电阻箱面板图

2. 电阻箱的规格

电阻箱主要规格有总电阻、额定电流（或额定功率）和准确度等级。

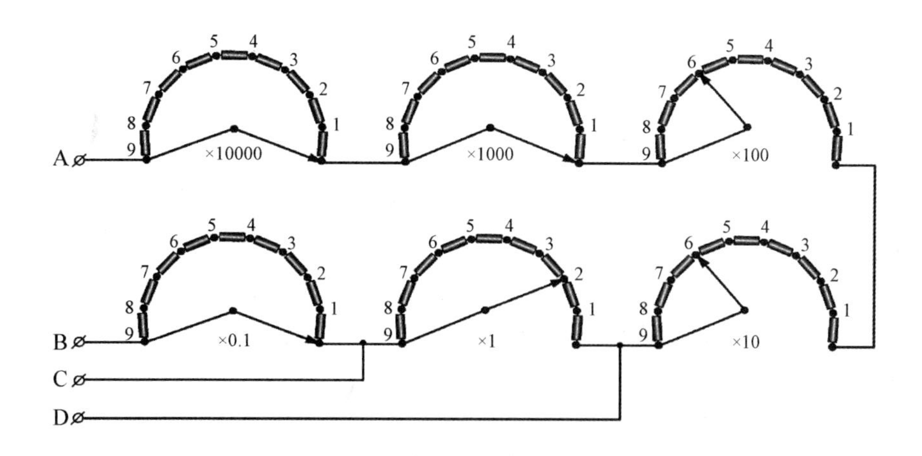

图 3-0-5　电阻箱内部结构

总电阻：即最大电阻。图 3-0-4 所示电阻箱的总电阻为 99 999.9 Ω。图 3-0-5 为电阻箱内部的结构。特殊情况下，需要阻值≤0.9 Ω 时，应接在 0.9 Ω 输出端，总电阻为 0.9 Ω；需要阻值 0.91～9.9 Ω 时，应接在 9.9 Ω 输出端，总电阻为 9.9 Ω；需要阻值≥10 Ω 时，接在 99 999.9 Ω 输出端，这样可以减少仪器示值误差。

额定功率：指电阻箱每个电阻的功率额定值。通常电阻箱的额定功率为 0.25 W。由 $I=\sqrt{P/R}$ 可计算出通过阻值为 R 的额定电流。例如，对于 1 000 Ω 挡的电阻，允许的额定电流 $I=\sqrt{\frac{0.25}{1\,000}}=0.016\ \text{A}=16\ \text{mA}$。显然，阻值越大的挡，允许的额定电流越小。电流过大会使发热，导致阻值不准，甚至烧毁。ZX-21 型电阻箱各挡最大允许电流如表 3-0-2 所示。

表 3-0-2　ZX-21 型电阻箱各挡最大允许电流

旋钮倍率	0.1	1	10	100	1 000	10 000
额定电流	1.58	0.5	0.158	0.05	0.015 8	0.005

准确度等级：电阻箱的准确度等级 $a\%$ 各挡不同，均标在铭牌上。实验室常用的 ZX-21 型电阻箱的准确度等级为 0.1 级。

使用电阻箱时应注意：使用前应先来回旋转一下各转盘，使电刷接触可靠。使用过程中注意不要使电阻箱出现 0 Ω 示值。

五、滑线变阻器

1. 滑线变阻器的结构

滑线变阻器是将电阻丝均匀绕在绝缘瓷管上制成的，它有两个固定的接线端，并有一个可在电阻线圈上滑动的滑动端，在线路中起控制电流和调节电压的作用，结构图如图 3-0-6 所示。

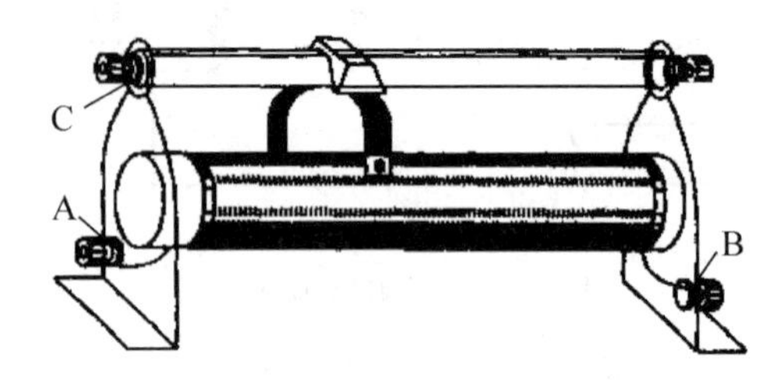

图 3-0-6　滑线变阻器结构图

2. 滑线变阻器的主要规格

电阻值：整个变阻器的总电阻。

额定电流：变阻器允许通过的最大电流，使用时通常应根据外界负载来选用规格适当的变阻器。

3. 滑线变阻器的作用

实验室常用滑线变阻器来改变电路中的电流或电压，分别连接成限流电路和分压电路，如图 3-0-7(a)和(b)所示。使用时应注意，接通电源前，制流电路中滑动端 C 应置于电阻最大位置(B 端)；分压电路中，滑动端 C 应置于电阻最小位置(B 端)。表 3-0-3 列出了常用电路元件的符号。

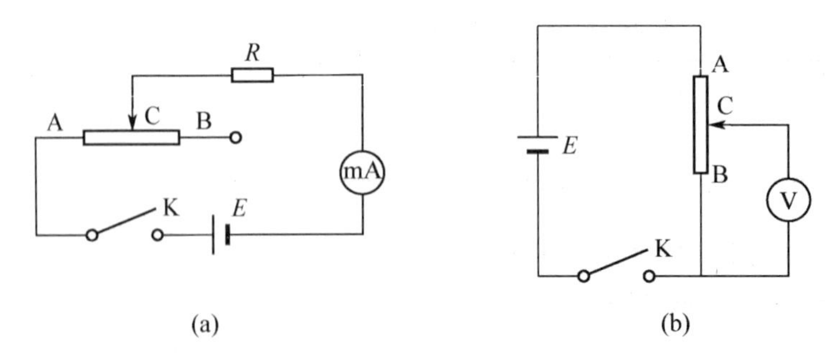

图 3-0-7　制流电路和分压电路

表 3-0-3　常用电路元件的符号

直流电源		单刀单掷开关	
固定电阻		单刀双掷开关	
变阻器		双刀双掷开关	
可变电阻		换向开关	
固定电容		晶体二极管	
可变电容		晶体三极管	
电感线圈			
互感线圈		信号灯	

六、开关

开关在电路中的功能是用来接通和切断电源，或者变换电路。实验中常用的有单刀单掷、单刀双掷、双刀双掷、换向开关、按键开关等，其表示方法见表 3-0-3，其作用如下。

单刀单掷开关的作用：按下时电路接通，拉开时电路切断。

单刀双掷开关的作用：开关倒向的一边线路接通。

双刀双掷开关的作用：相当于两个同时使用的单刀双掷开关。

换向开关的作用：改变电路中的电流方向。

按键开关的作用：主要有弹性按键开关及带锁定机构的按键开关两种。对弹性按键开关：按下时电路接通，松开后开头弹回，切断电路。对带锁定机构按键开关：第一次按下，电路接通，再按一次，电路切断。

七、信号发生器

信号发生器是产生适合一定技术要求的电信号的电子仪器。信号发生器按频率可分为超低频、低频、高频和超高频多种类型，按用途又可分为通用型和专用型。通用型信号发生器又分为正弦信号发生器和函数发生器两种类型。前者只能输出正弦信号，后者除正弦信号外，还能输出方波、三角波、锯齿波和脉冲波等多种波形。

信号发生器最重要的参数之一是信号频率范围。低频信号发生器产生的信号频率一般可以在1 Hz～1 MHz，信号发生器输出电压的最大幅度(峰－峰值)一般在5～30 V，输出电压可以连续调节，如果需要的输出幅度较小，则必须对信号进行衰减，衰减幅度用分贝(dB)数表示，1 dB=20 lgK，其中衰减倍数为K。例如，衰减1 000、100和10倍时，衰减幅度分别就是60 dB、40 dB和20 dB。

信号发生器的输出频率可以用旋钮调节，输出频率可以从旋钮刻度盘读出。有些信号发生器附有频率计，可对信号进行测量和数字显示。我们以YB1639型函数发生器为例来说明信号发生器的一般使用方法。

1. 面板控制键作用

YB1639型函数信号发生器面板结构如图3-0-8所示。

①——电源开关：按键弹出即为“关”位置，按下接通电源。

②——显示窗口(LED)：指示输出信号频率。“外侧”开关按下，显示外侧信号的频率。

③——频率调节旋钮(FREQVENCY)：可改变输出信号频率，顺时针旋转，频率增大，反之减小。

④——对称性(SYMMETRY)：按下“对称性开关”指使灯亮，调节“对称性旋钮”可改变波形的对称性。

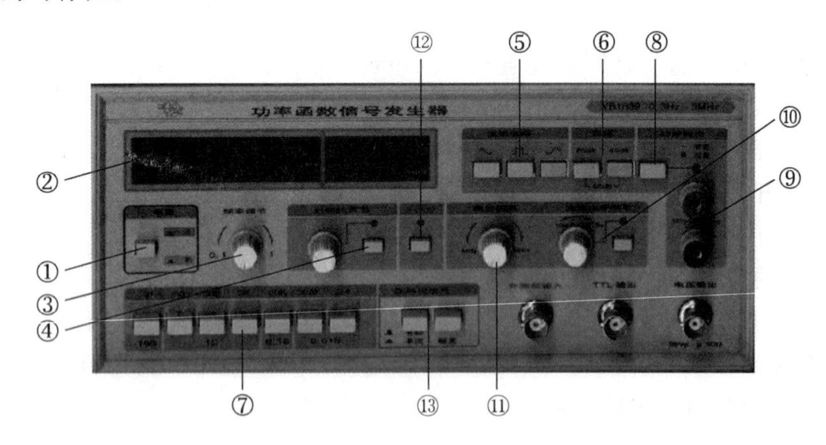

图3-0-8　YB1639型函数信号发生器面板图

⑤——波形选择开关(WAVEFORM)：按下对应波形的某一键，可选择所需波形。三只键都未按下，无信号输出，此时为直流电平。

⑥——衰减开关：电压输出衰减开关由2挡组合为20 dB、40 dB、60 dB三种形式。

⑦——频率范围选择(兼频率计数)开关：根据所需可按下其中一键。

⑧ ——功率输出开关(POWEROUT):按下此键,功率指示灯变绿色,如果该指示灯由绿色变为红色,则输出短路或过载。

⑨ ——功率输出端:为电路负载提供功率输出,负载应为纯电阻。如负载是容性或感性,应串入 10 W/50 Ω 左右电阻(最大幅度输出时)。

⑩ ——直流偏置(OFFSET):按入“直流偏置开关”指示灯亮,此时调节“直流偏置旋钮”,可改变直流电平。

⑪ ——幅度调节旋钮(AMPLITUDE):顺时针旋转,增大“电压输出”、“功率输出”的输出幅度。逆时针旋转减小“电压输出”、“功率输出”的输出幅度。

⑫ ——外侧开关(COVNTER):按入此键,显示外侧信号频率。外侧信号由输入插座输入。

⑬ ——单次开关(SANGLE):当“SGL”开关按入,单次指示灯亮,仪器处于单次状态,每按一次“TRIG”键,电压输出端口输出一个单次波形。

2. 使用方法

(1) 按下电源开关,接通电源,指示灯亮。

(2) 按“波形选择”键,选择所需波形。

(3) 按“频率范围”键,选择输出频率量程。

(4) 信号输出幅度可通过“衰减”按键,选择适当的衰减量,再通过“输出幅度”旋钮,可对输出幅度进行连续可调。

(5) 衰减按键的作用见表 3-0-4。表中“0”表示按键弹出,“1”表示按键按下。

表 3-0-4　衰减按键的作用

20 dB	40 dB	衰减结果	电压衰减倍数
0	0	0 dB	0
1	0	20 dB	10
0	1	40 dB	100
1	1	60 dB	1 000

§3 电磁学实验操作规程

一、准备

做实验前要认真预习，完成预习报告，并在预习报告中设计好数据记录表，做到心中有数。实验时，先要把本组实验仪器的规格弄清楚，然后根据电路图要求摆好仪器位置（基本按电路图排列次序），注意安全并能很方便地进行观察、操作和读数。

二、连线

要在理解电路的基础上进行连线。例如，先找出主回路，由最靠近电源开关的一端开始连线（开关都要断开），连接完成主回路再连接支路。主回路中必须有开关（先断开）一般在电源正极、高电位处用红色或浅色导线连接，电源负极、低电位处用黑色或深色导线连接。

三、检查

接好电路后，先复查电路连接是否正确，再检查其他的要求是否都做妥，例如，开关是否打开，电表和电源正负极是否接错，量程是否正确，电阻箱数值是否正确，变阻器的滑动端（或电阻箱各挡旋钮）位置是否正确等，直到一切都做好，再请教师检查。经同意后，再接上电源。绝对不允许未经仔细审查电路就通电试试看！

四、通电

在闭合开关通电时，要首先想好通电瞬间各仪表的正常反应是怎样的（如电表指针是指零不动或是应摆动什么位置等），闭合开关时要密切注意仪表反应是否正常，并随时准备不正常时断开开关。实验过程中需要暂停时，应断开开关，若需要更换电路，应将电路中各个仪器拨到安全位置然后断开开关，拆去电源，再改换电路，经教师重新检查后，才可接电源继续做实验。

五、实验

细心操作，认真观察，及时记录原始实验数据，原始数据须经教师过目并签字。原始实验数据单一律要附在实验报告后一齐交上。

六、安全

实验时一定要爱护仪器和注意安全。在教师未讲解，未弄清注意事项和操作方法之前不要乱动仪器。不管电路中有无高压，要养成避免用手或身体接触电路中导体的习惯。实验中途调换仪器、仪器换挡、改变量程、改变接线等操作，都要先切断电源。实验仪器显示任何不正常，也要先切断电源。

七、整理

实验做完，应将电路中仪器移到安全位置，断开开关，经教师检查实验数据合格签字后再拆线，拆线时应先拆去电源，最后将所有仪器放回原处，再离开实验室。

实验一 伏安法和电阻元件伏安特性的研究

伏安法指的是用电压表和电流表间接测量电阻的一种方法。伏安法不仅可以测量线性电阻，也可以测量非线性电阻，而且还是其他测量电阻方法的基础。在电阻元件两端施加电压，电阻元件内会有电流，电压和电流之间的关系称为该电阻元件的伏安特性。电阻元件的伏安特性是其最重要的性质之一。以电压为横坐标，电流为纵坐标作出的曲线称为伏安特性曲线。若伏安特性曲线是一条直线，电阻元件被称为线性电阻（纯电阻），反之，被称为非线性电阻。如半导体二极管由不同导电性能的 N 型半导体和 P 型半导体结合形成的 PN 结构成，是一种典型的非线性电阻元件。

1.1 纯电阻的测量

【实验目的】

（1）掌握伏安法测电阻的原理和方法。

（2）掌握正确使用电压表和电流表的方法。

【实验仪器】 DH6102 型伏安特性实验仪（含直流稳压电源、电流表、电压表、可变电阻箱和被测元件等）。

【实验原理】

伏安法测电阻用电压表测量待测电阻 R 两端的电压 U，同时用电流表测量通过该电阻的电流强度 I，由欧姆定律 $R=U/I$ 计算电阻的阻值。实验中所用电压表和电流表都不是理想电表，电压表的内阻并非无穷大，有内阻 R_V，电流表也有内阻 R_A，因此实验测量的电阻值与真实值不同，存在误差。根据电流表连接方法的不同，可以分为内接法和外接法。

1. 电流表内接法

内接法如图 3-1-1 所示。内接法中，电流表的测量值 I 为流过待测电阻的电流，电压表的测量值 U 为待测电阻 R 两端的电压 U_R 和电流表两端的电压 U_A 之和，测量的电阻值为

$$R_{测}=\frac{U}{I}=\frac{U_R+U_A}{I}=R+R_A \tag{3-1-1}$$

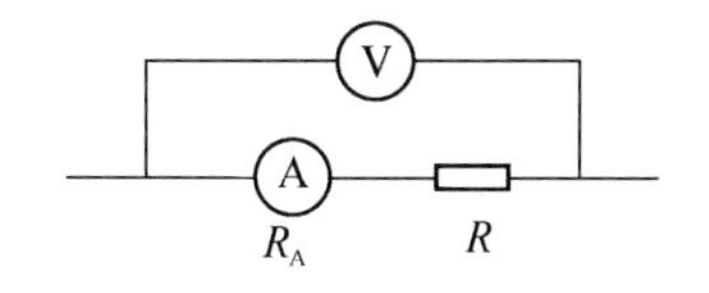

图 3-1-1　内接法

由上式可知,内接法测得的电阻值 $R_测$ 比实际值大。安培表的内阻小,待测电阻较大时,使用安培表内接电路较好。内接法相对误差为

$$E=\frac{|R_测-R|}{R}=\frac{R_A}{R}\times 100\% \tag{3-1-2}$$

如果知道电流表的内阻 R_A,可以对测量结果进行修正,则修正后的测量值为

$$R_测=\frac{U}{I}-R_A \tag{3-1-3}$$

2. 电流表外接法

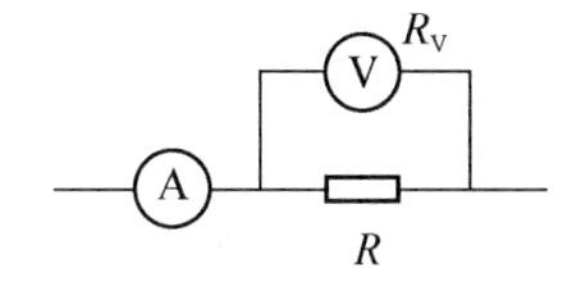

图 3-1-2　外接法

外接法如图 3-1-2 所示。电压表的测量值 U 为待测电阻 R 和电压表两端的电压 U_R,由于电压表存在内阻,则电流表的测量值 I 为流过待测电阻的电流 I_R 与流过电压表的电流 I_V 之和,此时测得的电阻为 R 与 R_V 的并联总电阻为

$$R_测=\frac{U}{I}=\frac{U_R}{I_R+I_V}=\frac{RR_V}{R+R_V} \tag{3-1-4}$$

由上式可知,内接法测得的电阻值 $R_测$ 比实际值小。伏特表的内阻大,而待测电阻小时,使用安培表外接较合适。外接法相对误差为

$$E=\frac{|R_测-R|}{R}=\frac{R}{R+R_V}\times 100\% \tag{3-1-5}$$

如果知道电压表的内阻 R_V,可以对测量结果进行修正,则修正后的测量值为

$$R_测=\frac{UR_V}{IR_V-U} \tag{3-1-6}$$

3. 测量方法的选择

根据前面结果,采用电流表内接法时,测量值大于真实值。当采用电流表外接法时,测量值小于真实值。当 $R_V\gg R$ 时,选择电流表外接法误差更小,当 $R_A\ll R$ 时,选择电流表内接法误差更小。这只是粗略的判断方法,更细致的判断方法是:当内接法相对误差小于外接法相对误差时,选用内接法,反之,选用外接法。

$$\frac{R_A}{R}<\frac{R}{R+R_V} \tag{3-1-7}$$

可得

$$R^2-R_AR-R_AR_V>0 \tag{3-1-8}$$

因为电流表内阻远小于电压表内阻,即 $R_A\ll R_V$,可得

$$R>\sqrt{R_AR_V} \tag{3-1-9}$$

从上式可知，待测电阻大于$\sqrt{R_A R_V}$时，选用内接法，反之，待测电阻小于$\sqrt{R_A R_V}$时，选用外接法，与$\sqrt{R_A R_V}$相近，两种方法都可以采用。

4. 电表的系统误差

伏安法测量电阻时，如果量程的选择不当，也会引起误差。电表指针指向任意测量值x的最大误差为

$$\Delta x = \pm M \times S\% \tag{3-1-10}$$

其中，M为量程，S为准确度等级。相对误差为

$$E = \frac{\Delta x}{x} = \pm \frac{M}{x} S\% \tag{3-1-11}$$

因此电表的量程和准确度等级确定后，使电表读数尽可能满量程可以减小误差，一般读数小于满刻度的三分之一时应该更换电表的量程。

5. 电压表和电流表参数

电压表、电流表量程和对应的内阻如表 3-1-1 所示。

表 3-1-1　电压表、电流表量程和对应的内阻

电压表(R_V)			电流表(R_A)			
量程/V	2	20	量程/mA	2	20	200
内阻/MΩ	1	10	内阻/Ω	100	10	1
测量精度	0.2%	0.2%	测量精度	0.5%	0.5%	0.5%

【实验内容】

按照电路图连接电路，如图 3-1-3 所示，图中 N 和 W 分别表示内接和外接，R_x为待测电阻。

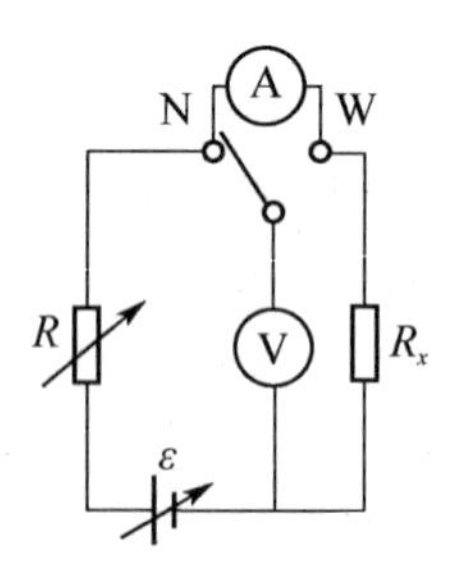

图 3-1-3　电路图

(1) 分别用内接法和外接法测量标有 1 kΩ 电阻的阻值。

(2) 选择电压表和电流表的量程，调节电阻R和电源电压(先粗调，后细调)，改变电阻R_x上的电压和电流，勿超过电压表和电流表的量程，读出并记录多组数据，为了便于

画图，可选择电压或电流值等差递增，并保证其读数小数位为零。

（3）采用同样的步骤测量标有 10 kΩ 电阻的阻值。

【实验数据】

根据计算公式计算电阻测量值；以 I 电流为横坐标、电压 U 为纵坐标绘制伏安特性曲线，见表 3-1-2。

表 3-1-2　纯电阻的测量

实验次序	内接				外接			
	U/V	I/A	$R_{测}$	$\overline{R}$	U/V	I/A	$R_{测}$	$\overline{R}$
1								
2								
3								
4								
5								
6								

【思考题】

（1）什么叫内接法和外接法？这两种方法的测量结果等于真实值吗？

（2）伏安法测电阻方法中，试设计一种改进外接法电路的方法。

（3）万用表和欧姆表测量电阻和本实验采用的方法相同吗？

【实验探究与设计】

本实验在中学物理教材中是探究性实验，是一个最基本的实验。所用仪器有电流表和电压表等，实验中给定的电阻阻值在 100 Ω 以内。要求通过实验探究电流与电压、电阻的关系，理解欧姆定律。完成本实验后，要求学生能写出设计原理，画出实验原理图，说出各个元器件的作用，并能够设计出实验电路。

1.2　二极管伏安特性的研究

【实验目的】

（1）掌握电压表和安培表的使用方法。

（2）掌握二极管伏安特性的测量。

【实验仪器】　DH6102 型伏安特性实验仪（含直流稳压电源、电流表、电压表、可变电阻箱、被测元件等）。

【实验原理】

电阻元件通常分为两类，一类是线性电阻，另一类是非线性电阻。对于前者，加在电阻两端的电压 U 与通过它的电流 I 成正比(忽略电流热效应等影响)。对于后者，电阻值则随加在它两端的电压的变化而变化。前者 $U—I$ 曲线为直线，后者的 $U—I$ 曲线为曲线。半导体的导电性能介于导体和绝缘体之间，在纯净的半导体中掺入极微量的杂质，半导体的导电能力大为增加。根据掺入杂质的不同分为两种类型：P 型半导体和 N 型半导体。P 型半导体中多数载流子为带正电的空穴，N 型半导体中多数载流子为带负电的电子。

P 型半导体和 N 型半导体接触时，P 型半导体的空穴比 N 型半导体空穴浓度大，空穴由 P 型半导体向 N 型半导体扩散，同理，N 型半导体电子比 P 型半导体电子浓度大，电子由 N 型半导体向 P 型半导体扩散，随着扩散的进行，P 型半导体空穴减少，出现带负电的离子区，N 型半导体电子减少，出现带正电的离子区。在界面附近，形成带正负电的薄层区，即空间电荷区，称为 PN 结。空间电荷区正负电荷产生电场，该电场阻碍载流子进一步扩散，达到平衡。

半导体二极管为一个由 P 型半导体和 N 型半导体形成的 PN 结，有正负两个电极，正极由 P 型半导体引出，负极由 N 型半导体引出，PN 结有单向导电的性质。PN 结加正向电压，外加电场使空间电荷区变窄，电流可以流过，加反向电压，外加电场使空间电荷区变宽，电流不能流过，只有很小的反向电流。

半导体二极管两端电压和电流的关系称为二极管伏安特性，如图 3-1-4 所示。从图中可以看出二极管伏安特性是非线性的。在所加电压非常小的情况下，二极管处于尚未导通的状态，直到所加电压增大一定数值时，二极管才导通(这一电压可称之为导通电压，其值较小，一般锗二极管约为 0.3 V；硅二极管约为 0.7 V)。二极管处于正向导通状态时，正向电阻很小，电流随电压的变化很大。当二极管加反向电压时，其呈高阻状态，反向电流非常小，直到反向电压增加到某一数值时，反向电流急剧增加，这一电压值被称之为二极管的击穿电压，此时二极管处于反向击穿状态反向击穿。

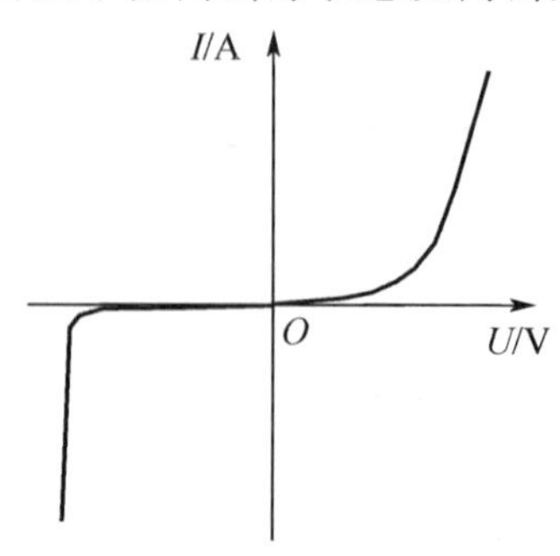

图 3-1-4 二极管伏安特性

【实验内容】

1. 二极管正向伏安特性测试

二极管正向导通时，电阻值较小，采用电流表外接电路测量，电路图如图 3-1-5 所示。电压表量程选 2 V，电流表量程选 200 mA 量程，电阻器设置为 700 Ω，调节电源电压，记录二极管的电压和电流。

2. 二极管反向伏安特性测试

二极管反向电阻很大，采用电流表内接电路测量，电路图如图 3-1-6 所示。电压表量程选 20 V，电流表量程选 2 mA 量程，电阻器设置为 700 Ω，调节电源电压，记录二极管的电压和电流。

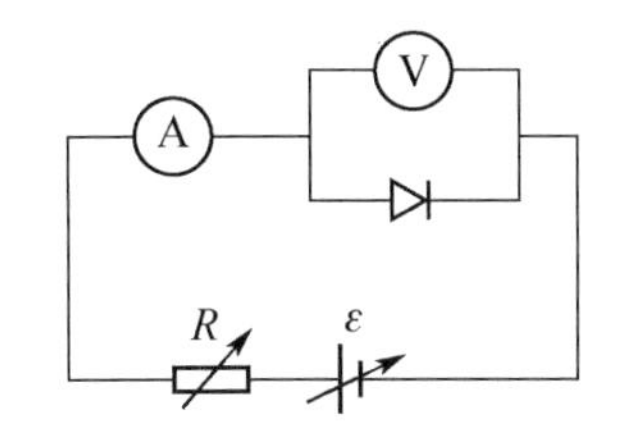

图 3-1-5　二极管正向特性电路图

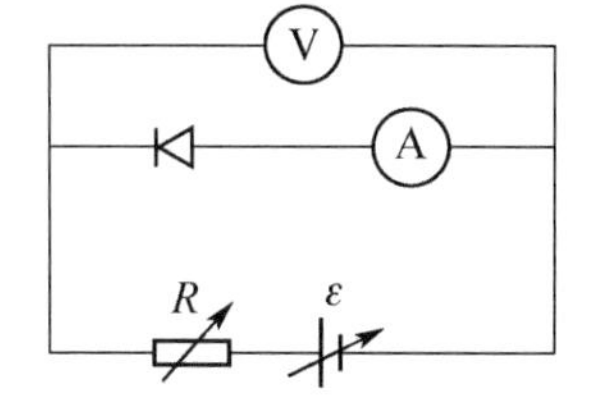

图 3-1-6　二极管反向特性电路图

【注意事项】

(1) 二极管正向导通时，流过二极管的电流不能超过其允许最大电流。

(2) 二极管反向加压时，反向电压不得长时间处于反向击穿状态。

(3) 在电流突变的地方，电压间隔应该尽可能取小，以找准各特征电压值。

【实验数据】

实验数据见表 3-1-3、表 3-1-4。

表 3-1-3　二极管正向伏安特性的研究

实验次序	1	2	3	4	5	6	7	8	9
电压/V									
电流/mA									

表 3-1-4　二极管反向伏安特性的研究

实验次序	1	2	3	4	5	6	7	8	9
电压/V									
电流/mA									

在坐标纸上绘二极管正反伏安特性曲线，由于电流值相差较大，坐标轴可以选用不同的单位。

【思考题】

(1) 实验中为什么分别采用了内接法和外接法测量二极管正反伏安特性?

(2) 二极管的正向电阻是恒定值吗? 与二极管的电压有关系吗?

(3) 二极管的反向电阻大于正向电阻吗?

(4) 实验中电阻 R 有何作用?

实验二　电表的改装和多用表的使用

在直流电路的测量中，一般用磁电式电表。它既可测直流电流又可测直流电压和电阻，若附加整流元件还可测交流电。由于磁电式电表测量机构所允许通过的电流往往很小，一般在几十微安到几毫安之间，如果把它直接用作电压表测电压，那么它的最大量程仅有 $I_g R_g$（I_g、R_g 分别为表头的满偏电流和内阻）。由于 I_g 很小，R_g 又很有限，所以它能直接测量的电压很低，能直接测量的电流也很小，因此必须对原表进行改装。多用电表的原理就是对毫安表头进行多量程改装而来，在电路的测量和故障的检测中得到广泛的应用。

2.1　电表的改装与校准

【实验目的】

（1）掌握把毫安表（表头）改装成较大量程电流表和电压表的方法。

（2）学会校准电流表和电压表的方法。

【实验仪器】　DH4508 型电表改装与校准实验仪，如图 3-2-1 所示。

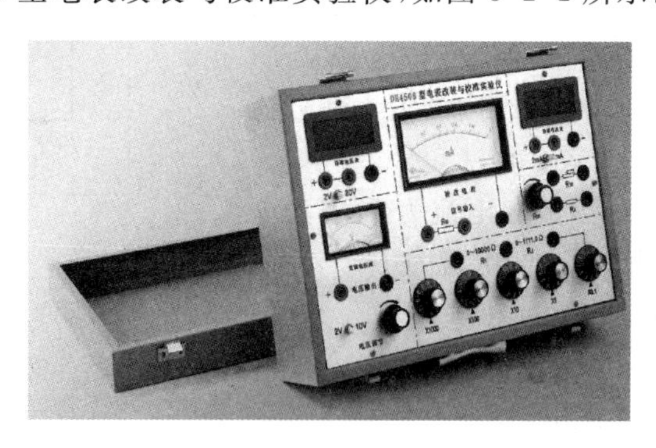

图 3-2-1　DH4508 型电表改装与校准实验仪

实验仪包含组件被改电表、标准电流表、标准电压表、电阻箱、可调稳压源等。

【实验原理】

1. 表头内阻和量程的测量

表头允许通过的最大电流称为表头的量程，用 I_g 表示。表头线圈有一定的内阻，用

R_g 表示。I_g 和 R_g 是表示表头特性的两个重要参数。表头内阻的测定方法很多，如半偏法和替代法。替代法测量内阻表头的电路如图 3-2-2 所示。由于仪器界面上没有开关，所以在用替代法测内阻时，可用导线接通与否来代替开关 K。首先接通表头 G 和 R_n 这部分电路来实现用 R_n 代替了表头 G。首先接通表头 G 这一支电路而断开 R_n 部分，调节 R_W 和电源电压，使表头满偏，这时标准电流表的示值就是表头的量程 I_g。然后接通 R_n 这一支电路而断开表头 G，相当于用 R_n代替了表头 G，保持 R_W 和 E 不变，调节 R_n 使标准表显示值为同一数值，即 I_g，则此时 $R_g=R_n$。

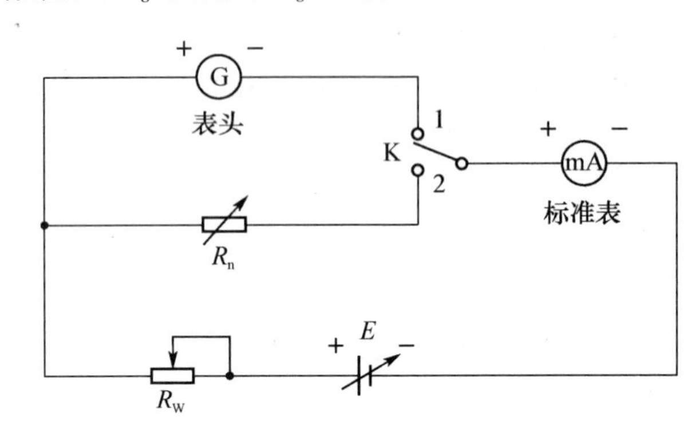

图 3-2-2　表头内阻测量电路

2. 将表头改装成电流表(安培计)

表头的量程 I_g 很小，如果要测量较大的电流，就需要扩大电表的量程。方法是：在表头两端并联分流电阻 R_s，使超过表头量程的那部分电流从 R_s 流过，如图 3-2-3 所示。图中虚线内的表头和分流电阻 R_s 组成一个新的电流表。

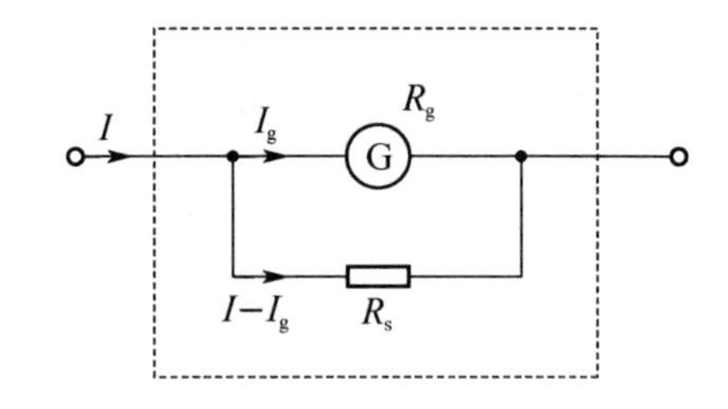

图 3-2-3　表头改装成电流表

设新电流表量程为 I，当流入电流为 I，表头电流为 I_g(满偏)时，流过电阻 R_s 的电流为 $I-I_g$。由欧姆定律有

$$I_gR_g=(I-I_g)R_s \tag{3-2-1}$$

由上式可计算出并联的分流电阻为

$$R_s=\frac{I_g}{I-I_g}R_g=\frac{1}{n-1}R_g \tag{3-2-2}$$

其中，$I/I_g=n$ 为量程的扩大倍数。

当表头的量程和内阻已知时，根据扩大的倍数 n 就可算出 R_s。同一表头，并联不同的分流电阻，可得到不同量程的电流表。为使被测电路的实际电流值不致因电流表的接入而变小，要求电流表有较小的内阻。

3. 将表头改装成电压表(伏特计)

表头的满度电压也较小，只有 $U_g=I_gR_g$，一般为零点几伏。为了测量较大的电压，可在表头上串联分压电阻 R_p，使超过表头所能承受的那部分电压降落在电阻 R_p 上。如图 3-2-4所示，图中虚线内的表头和分压电阻 R_p 组成一个新的电压表。

因
$$U=U_g+U_p,\quad U_g=I_gR_g,\quad U_p=I_gR_p$$

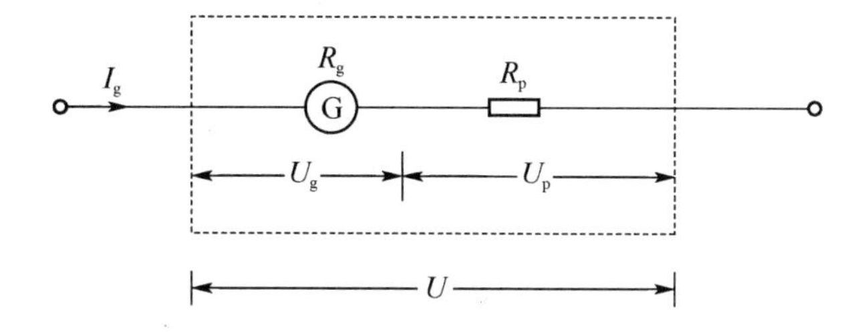

图 3-2-4　表头改装成电压表

故

$$R_p=\frac{U}{I_g}-R_g \tag{3-2-3}$$

用电压表测电压时，电压表总是并联在被测电路，为了不致因并联电压表而改变电路中的工作状况，要求电压表有较高内阻。

4. 电表的校准

改装后的电表均应进行校准后才能交付使用。本实验采用比较法进行校准，即分别用改装所得电流表或电压表与准确度等级较高的标准表进行比较，从而达到校准的目的，如图 3-2-5、图 3-2-6 所示。图中虚线部分为改装的电流表或电压表。

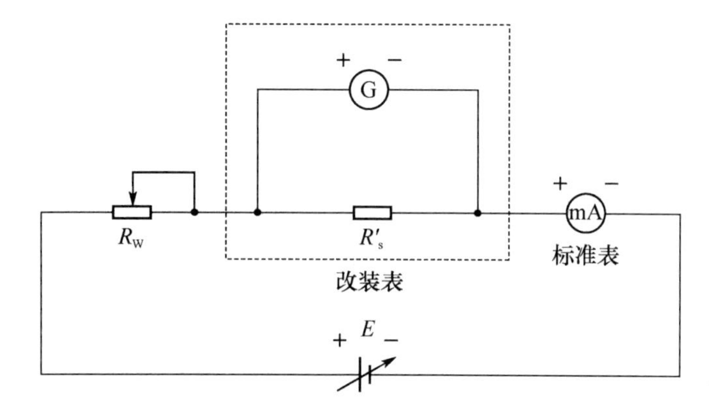

图 3-2-5　校准电流表电路

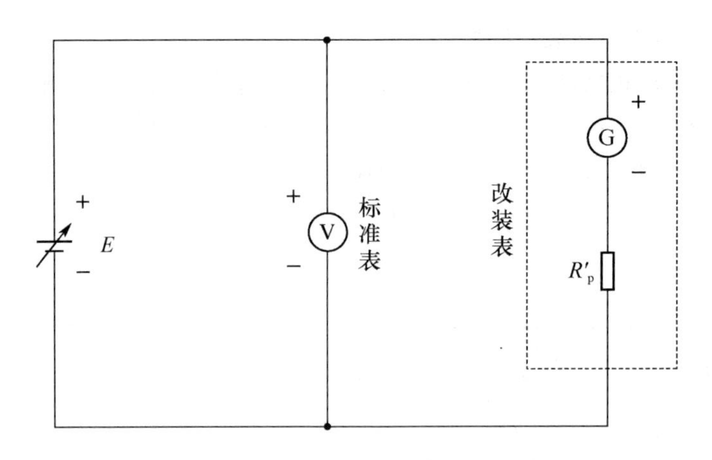

图 3-2-6　校准电压表电路

校准电表时,必须先调好零点,再校准量程(满刻度点)。若量程不对,可调节 R_s 或 R_p,使改装表的量程与标准表的指示数相一致。校准刻度时(以校准电流表为例),分别读出被校准电流表各刻度值 I_{xi} 和标准表相应的读数 I_{si},则修正值 $\Delta I = I_{si} - I_{xi}$,以 I_{xi} 为横坐标,ΔI 为纵坐标,可以得到校准曲线,如图 3-2-7 所示。根据校准曲线结果,可以通过公式

$$a = \frac{|\Delta I|_{max}}{\text{量程}} \times 100\% \tag{3-2-4}$$

来评定该表的准确度等级 a。

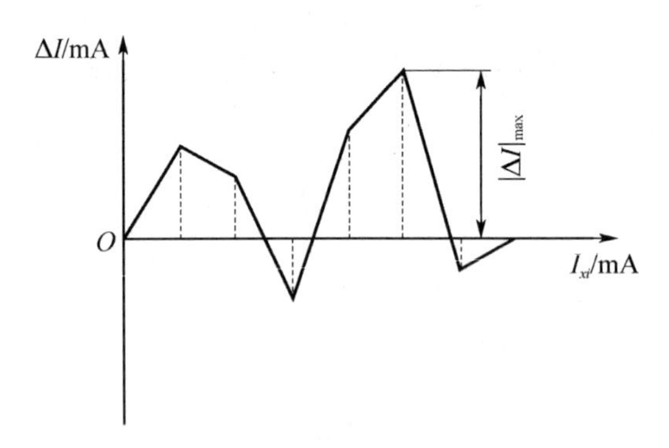

图 3-2-7　校准曲线

*5. 改装毫安表为欧姆表

用来测量电阻大小的电表称为欧姆表。根据调零方式的不同,可分为串联分压式和并联分流式两种。其中串联分压式欧姆表的原理电路,如图 3-2-8 所示。图中 E 为电

源，R_3 为限流电阻，R_W 为调“零”电位器，R_x 为被测电阻，R_g 为等效表头内阻。

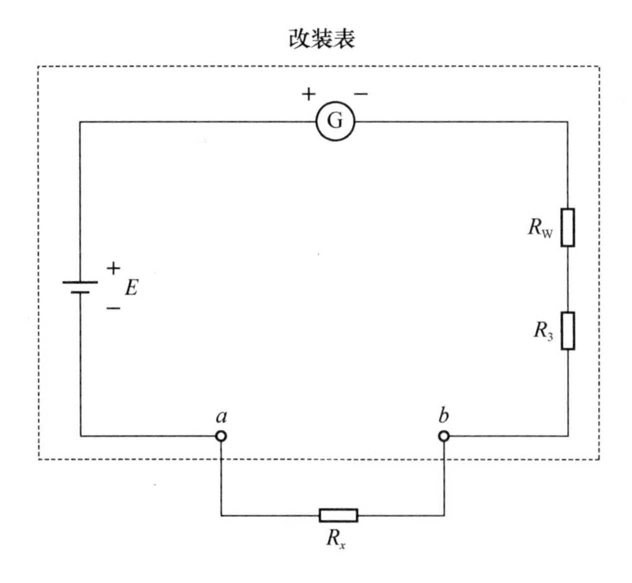

图 3-2-8　改装欧姆表原理图

欧姆表使用前先要调“零”点，即 a、b 两点短路(相当于 $R_x=0$)，调节 R_W 的值，使表头指针正好偏转到满刻度。可见，欧姆表的零点就在表头标度尺的满刻度(量程)处，与电压表和电流表的零点正好相反。

对于给定表头和线路来说，R_g、R_W、R_3 都是常量。所以当电源电压 E 不变时，被测电阻和电流值有一一对应关系，即接入不同电阻，表头就会有不同的偏转读数，R_x 越大，电流 I 就越小。

当 a、b 两点短路时，$R_x=0$，电流最大，指针满偏，即

$$I=\frac{E}{R_g+R_W+R_3}=I_g \tag{3-2-5}$$

当 $R_x=R_g+R_W+R_3$ 时，电流为

$$I=\frac{E}{R_g+R_W+R_3+R_x}=\frac{1}{2}I_g \tag{3-2-6}$$

这时指针在表头的中间位置，对应的阻值为中值电阻，显然 $R_{中}=R_g+R_W+R_3$。

当 $R_x=\infty$(相当于 a、b 开路)时，$I=0$，即指针在表头的机械零位。

因此，欧姆表标度尺为反向刻度，且刻度是不均匀的，电阻 R 越大，刻度间隔越密。如果表头的标度尺预先按已知电阻值刻度，就可以用电流表来直接测量电阻。

值得注意的是，欧姆表在使用过程中，电池的端电压会有所改变，而表头的内阻 R_g

及限流电阻 R_3 为常量,故要求 R_W 要跟着 E 的变化而改变,以满足调"零"的要求,设计时可通过调整电源的输出电压,范围取 1.3～1.6 V 即可。

【实验内容】

1. 测定表头的内阻 R_g 和量程

按图 3-2-2 接线,用替代法测量表头的内阻,操作方法参见前面实验原理。

2. 将表头改装成 5 mA 量程的电流表,并进行校准

(1) 根据公式(3-2-2)计算出分流电阻 R_s 的大小,并在电阻箱上调出该值。

(2) 将电源调到最小,R_W 调到中间位置,按图 3-2-5 连接线路(标准电流表的量程开关应选择 20 mA 挡)。

(3) 慢慢调节电源,增大电压,使表头指到满量程(可配合调节 R_W),观察标准表是否为 5 mA。如果不为 5 mA,微调 R_s 和 R_W 使表头满量程时标准表为 5 mA,记录分流电阻的实际值 R'_s。

(4) 校准电表。调小电源电压,使表头每隔 1 mA 逐步减少读数直至零点;再调节电源电压按原间隔逐步增大改装表到满量程,每次记录标准表相应的读数于表 3-2-1 中。

(5) 以表头读数 I_x 为横坐标,修正值 ΔI 为纵坐标,在坐标纸上作出电流表的校正曲线。

3. 将表头改装成 1.5 V 量程的电压表,并进行校准

(1) 根据公式(3-2-3)计算出分压电阻 R_p 的大小,并在电阻箱上调出该值。

(2) 将电源调到最小,按图 3-2-6 连接线路(标准电压表的量程开关选择 2 V 挡)。

(3) 慢慢调节电源,增大电压,使标准电压表为 1.5 V,观察表头是否满量程。如果不满量程,微调 R_p 使表头满量程,记录分压电阻的实际值 R'_p。

(4) 校准电表。调节电源电压,每隔 0.3 V 逐步减少表头读数直至零点,再按原间隔逐步增大到满量程,每次记录标准表相应的读数于表 3-2-2 中。

(5) 以表头读数 U_x 为横坐标,修正值 ΔU 为纵坐标,在坐标纸上作出电压表的校正曲线。

4. 将表头改装成欧姆表(自己设计实验步骤与数据表格)

【注意事项】

(1) 接线路时,先接主回路,后接支路;仪器的排列以便于操作和读数为原则。

(2) 为使电路中的电流不致过大,通电前,调低电源电压,调大电路中限流电阻,调小分压器的分压。

(3) 根据电源电压和电路中的电阻,估计电流的大小,再选择恰当的电表量程。

(4) 电路接好后,要检查连线和仪表选择是否正确,确定无误后再通电。

(5) 在接线之前、中途换挡或者换量程都要先切断电源。

(6) 实验结束时，要将仪器调到最安全状态再切断电源。如果无漏测或错误，即可拆除连线，并整理好仪器和导线。

【实验数据】

(1) 表头内阻 R_g = ________Ω；量程 I_g = ________mA。

(2) 将表头改装成 5 mA 量程的电流表：

计算值 R_s = ________Ω；测量值 R'_s = ________Ω。

表 3-2-1　改装电流表的校准　mA

<table>
<tr><td colspan="2">表头读数 I_x</td><td>1.00</td><td>2.00</td><td>3.00</td><td>4.00</td><td>5.00</td><td>改装表级别</td></tr>
<tr><td rowspan="3">标准表读数 I_s</td><td>减小时</td><td></td><td></td><td></td><td></td><td></td><td rowspan="4">$K=\frac{\Delta I_{max}}{5}\times 100$
= ________</td></tr>
<tr><td>增大时</td><td></td><td></td><td></td><td></td><td></td></tr>
<tr><td>平均值</td><td></td><td></td><td></td><td></td><td></td></tr>
<tr><td colspan="2">修正值 ΔI</td><td></td><td></td><td></td><td></td><td></td></tr>
</table>

(3) 将表头改装成 1.5 V 量程的电压表：

计算值 R_p = ________Ω；测量值 R'_p = ________Ω。

表 3-2-2　改装电压表的校准　V

<table>
<tr><td colspan="2">表头读数 U_x</td><td>0.30</td><td>0.60</td><td>0.90</td><td>1.20</td><td>1.50</td><td>改装表级别</td></tr>
<tr><td rowspan="3">标准表读数 U_s</td><td>减小时</td><td></td><td></td><td></td><td></td><td></td><td rowspan="4">$K=\frac{\Delta U_{max}}{1.5}\times 100$
= ________</td></tr>
<tr><td>增大时</td><td></td><td></td><td></td><td></td><td></td></tr>
<tr><td>平均值</td><td></td><td></td><td></td><td></td><td></td></tr>
<tr><td colspan="2">修正值 ΔU</td><td></td><td></td><td></td><td></td><td></td></tr>
</table>

(4) 将表头改装成欧姆表(自己设定)。

【思考题】

(1) 磁电式毫安表的内阻是否可用万用电表的欧姆挡进行测量？

(2) 思考一下用半偏法如何测量表头内阻，并画出电路图。

2.2　多用电表的使用

多用电表又称万用电表，是根据电表改装的原理，将一个表头分别连接各种测量电路而改成多量程的交直流电流表、电压表及欧姆表，分别可以用来测量电流、电压和电阻。

同时多用电表还可用来检查电路和排除电路故障，是从事电脑、电器设备、电子仪器、家用电器等领域科研、生产和维护人员的必备基本检测工具。多用电表有指针式和数字显示式两种。

【实验目的】

(1) 初步了解多用电表的结构和原理。

(2) 掌握多用电表特别是欧姆挡的使用方法。

【实验仪器】 多用电表、电阻、稳定电源等。

VC890D 型数字多用电表面板如图 3-2-9 所示。

图 3-2-9　多用电表面板图

COM 孔：公共端(黑色笔插孔)。

mA 孔：测量 200 mA 量程内的电流(红色笔插孔)。

20 A 孔：测量 20 A 量程以内的电流(红色笔插孔)。

VΩ 孔：测量电压和电阻(红色笔插孔)。

转轮：选择多用电表功能与量程。

【实验内容】

1. 电阻的测量

将功能选择“转轮”置于“Ω”，红色笔插入“VΩ”孔，选择合适量程。将变阻箱电阻分别调到 1 K、10 K、100 K，用多用电表进行测量，填写表 3-2-3。测量电阻时，电阻应处于电路断开状态。

2. 直流电压的测量

按图 3-2-10 连接电路，将功能选择“转轮”置于“V－”，红色笔插入“VΩ”孔，选择合适的量程，分别测出 U_{ad}、U_{ab}、U_{bc}、U_{cd}间的电压，填写表 3-2-4。

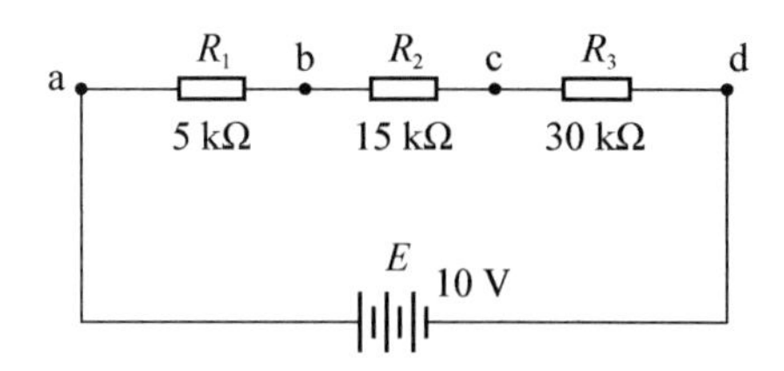

图 3-2-10　实验电路图

3. 直流电流的测量

自己设计和画出测量电路图，通过教师审核后进行实验测量。此时应将功能选择“转轮”置于“A－”，选择合适量程，红色笔插入“mA”孔或“20 A”孔。

4. 市电电压的测量

将功能选择“转轮”置于“V～”，红色笔插入“VΩ”孔，选择 750 V 量程。

5. 直流电路故障检测（小组设计并自行完成）

【注意事项】

（1）正确选择挡位，切勿用电流挡、欧姆挡测量电压；正确选择量程。如果被测量的大小无法估计，应选择量程最大的一挡，以防仪表过载；若偏转过小，再将量程变小。

（2）测量直流电学量时，表笔的正负不能接反。**执表笔时，手不能接触表笔上任何金属部分。**

（3）在表笔接触测量点的同时，注视电表指针偏转情况，并随时准备在出现不正常现象时，使表笔离开测量点。

（4）使用完毕，多用电表功能选择转轮置于“OFF”。

【实验数据】

表 3-2-3　电阻的测量

测量对象	多用表挡位	测量值	绝对误差
$R_1=1$ kΩ			
$R_2=10$ kΩ			
$R_3=100$ kΩ			

表 3-2-4 直流电压的测量

测量对象	理论值	多用表挡位(量程)	测量值	绝对误差
U_{ad}				
U_{ab}				
U_{bc}				
U_{cd}				

实验三　惠斯通电桥测量电阻

电桥测量法是测量电阻的一种方法，其线路原理简明，结构简单。它是在电桥平衡时，将待测电阻和标准电阻比较，利用比较法来进行电阻测量的。由于标准电阻可以具有很高的精确度，因此电桥具有测量准确与灵敏度高等特点，已经广泛地用于电磁测量及其自动化仪器仪表和自动控制电路中。电桥按照结构分为单臂电桥和双臂电桥。

【实验目的】　掌握惠斯通电桥测量电阻的原理和方法。

【实验仪器】　QJ60 型教学单双两用电桥、直流稳压电源、滑线电阻器、电阻箱、检流计、待测电阻。

【实验原理】

惠斯通电桥电路如图 3-3-1 所示，由四个电阻 R_1、R_2、R_3 和 R_x 形成的四边形构成，每条边都称为桥臂。而所谓“桥”就是指接入了检流计 G 的对角线。设各支路电流 I_1、I_2、I_3、I_x、I_G 及 I 的方向如图中箭头所示，检流计内阻为 R_G，根据电路理论，可以列出如下方程组：

$$\begin{aligned} I &= I_1 + I_x \\ I_x &= I_3 + I_G \\ I_1 &= I_2 - I_G \end{aligned} \tag{3-3-1}$$

$$\begin{aligned} I_x R_x + I_G R_G - I_1 R_1 &= 0 \\ I_3 R_3 - I_2 R_2 - I_G R_G &= 0 \\ I_1 R_1 + I_2 R_2 &= \varepsilon \end{aligned} \tag{3-3-2}$$

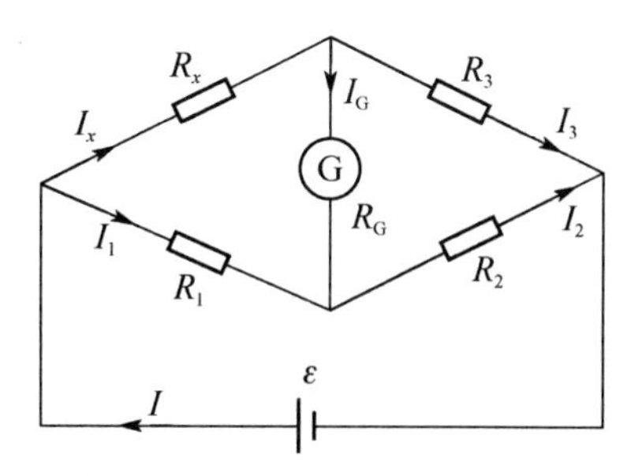

图 3-3-1　惠斯通电桥原理图

当电桥达到平衡（$I_G=0$）时，方程组（3-3-1）和（3-3-2）可化简为

$$I_x = I_3 \quad I_1 = I_2 \tag{3-3-3}$$

和

$$I_x R_x = I_1 R_1 \quad I_3 R_3 = I_2 R_2 \tag{3-3-4}$$

因此可得

$$R_x = \frac{R_1}{R_2} R_3 \quad 或 \quad R_x R_2 = R_1 R_3 \tag{3-3-5}$$

这就是电桥平衡条件。此时电桥相邻臂电阻之比值相等或相对臂电阻之积相等。若 R_1、R_2 和 R_3 都是已知的，只要调节电桥平衡，利用式(3-3-5)可以求出被测电阻 R_x。

待测电阻 R_x 所在的桥臂称为测量臂，R_3 所在的桥臂称为比较臂，R_1 和 R_2 的比值 $R_1/R_2 = M$ 称为倍率。通常倍率可选择为 10 的整数次方，如 0.01、0.1、1、10、100，等等，这样可方便求出被测电阻

$$R_x = MR_3 \tag{3-3-6}$$

R_3 作微小改变，电桥失去平衡，因此有电流 I_G 流过检流计。为了描述电桥对偏离平衡状态的反映，引入电桥灵敏度的概念。设 R_3 有一改变量 ΔR_3，检流计偏转 Δn 格，电桥灵敏度定义为

$$s = \frac{\Delta n}{\dfrac{\Delta R_3}{R_3}} \tag{3-3-7}$$

检流计灵敏度为 $s_i = \dfrac{\Delta n}{\Delta I_G}$，因此

$$s = s_i R_3 \frac{\Delta I_G}{\Delta R_3} \tag{3-3-8}$$

从方程组(3-3-1)和(3-3-2)可求得

$$I_G = \frac{(R_1 R_3 - R_2 R_x)\varepsilon}{R_1 R_2 (R_3 + R_x) + R_3 R_x (R_1 + R_2) + R_G (R_1 + R_2)(R_3 + R_x)} \tag{3-3-9}$$

在 ΔR_3 很小的情况下，

$$\Delta I_G \approx \frac{R_1 \varepsilon \Delta R_3}{R_1 R_2 (R_3 + R_x) + R_3 R_x (R_1 + R_2) + R_G (R_1 + R_2)(R_3 + R_x)} \tag{3-3-10}$$

代入式(3-3-8)，并利用式(3-3-5)可得

$$s = \frac{s_i \varepsilon}{(R_1 + R_2 + R_3 + R_x) + R_G\left(2 + M + \dfrac{1}{M}\right)} \tag{3-3-11}$$

电桥的灵敏度与检流计的灵敏度及其内阻 R_G，电源电压，电桥桥臂的总电阻和电桥桥臂倍率有关。选用灵敏度高和内阻小的检流计可以提高电桥的灵敏度，提高电桥工作电压也能提高灵敏度，但电桥臂的电流不能超过额定值。

【实验内容】

1. 自组电桥测电阻

(1) 用电阻箱连成惠斯通电桥，如图 3-3-2 所示。检流计在使用前需达到调零挡进行调零。

(2) 用万用表粗测待测电阻的阻值，根据测量值选择恰当的倍率值 $M=R_1/R_2$。

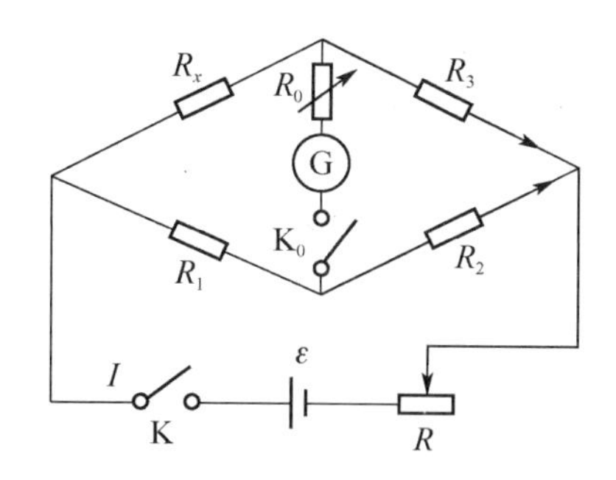

图 3-3-2　惠斯通电桥电路图

(3) 调节一个 R_3 的初值，使得其与 M 的乘积在测量值附近，同时电阻 R_0 取一适当的值。

(4) 电源电压调到 5 V，合上开关 K，合上开关 K_0，调节 R_3 使检流计指向零，减小电阻 R_0，调节 R_3 使检流计指向零，重复这一过程直到 R_0 到零为止。

(5) 重复测量 5 次并记录测量数据。

(6) 电桥灵敏度测量。改变 R_3，使电流计偏转 1.0～5.0 格，记录 R_3 的改变量 ΔR_3，计算电桥的灵敏度。

2. 用 QJ60 型教学单双两用电桥测电阻

QJ60(交流供电)型教学单双两用电桥，该仪器使用单臂电桥方式可以测量 0～111 100 Ω 的电阻，用双臂电桥方式可以测量 10^{-4}～11.11 Ω 的电阻。

(1) 电源线连接到 220 V 插座上，打开后板上电源开关，面板电源指示灯亮。预热 10 min后，灵敏度调最大，调零使表头指针指零。注意：工作时灵敏度不宜过大。

(2) S 开关打向“单”位置，用导线将被测电阻连接到标有“R_x”的两个端子上，连接导线尽量短而粗。

(3) 根据被测电阻 R_x 估计值和电阻盘 R(图 3-3-2 中的 R_3)的可调范围选择适宜的 M 值(倍率)，尽可能使电阻盘读数的有效数字位数最多。

(4) 将检流计选择按钮打向“内”附，即使用仪器自身的检流计，按下 B 按钮(图 3-3-2 中的开关 K)，接通电路。

(5) 将电阻盘调到估计值附近，按下 G 按钮(图 3-3-2 中的开关 K_0)，观察检流计指针偏向，松开 G 按钮，根据电阻盘阻值的增减和指针指偏方向与程度调节电阻盘的阻值，使指针逐渐指向零或接近零。(首先要试探出电阻偏大或电阻偏下与指针指向的关系)。

(6) 重复测量5次并记录测量的数据。测量完毕,松开B按钮。

【实验数据】 仿照以前的实验自己设计表格;利用公式(3-3-6)和(3-3-11)分别计算待测电阻值和电桥灵敏度。

【思考题】

(1) 图3-3-2中为什么要接入电阻R_0,而实验中又要逐渐减小其阻值直到为零?

(2) 检流计对惠斯通电桥的灵敏度有影响吗?为什么利用QJ60型教学单双两用电桥测电阻实验中要求灵敏度不宜太高?

(3) 惠斯通电桥接入直流电源时是否需要考虑正负极性?

实验四　示波器的使用

示波器是一种常用的电子仪器，用它可以直接观察电压随时间变化的波形，测量电压的大小。如果配备各种传感器，可把非电学量转化成电学量。因此，一切可以转化为电压的电学量（电流、电功率、阻抗等）和非电学量（如温度、位移、速度、加速度、压力、光强、磁场、频率等）都可以用示波器来观测。目前示波器的发展越来越快，主要有传统的模拟示波器和新型的数字示波器。本实验重点介绍双踪模拟示波器，双踪示波器是一种能同时观测二个不同信号瞬变过程的通用示波器。

【实验目的】

(1) 了解示波器的基本工作原理。

(2) 学习示波器、低频信号发生器的使用方法。

(3) 通过观察李萨如图形来学会利用李萨如图法测量正弦信号的频率。

【实验仪器】 示波器、低频信号发生器。

1. DF4322—A 型示波器的前面板

如图 3-4-1 所示，各控制键的标识、名称和作用如表 3-4-1 所示。

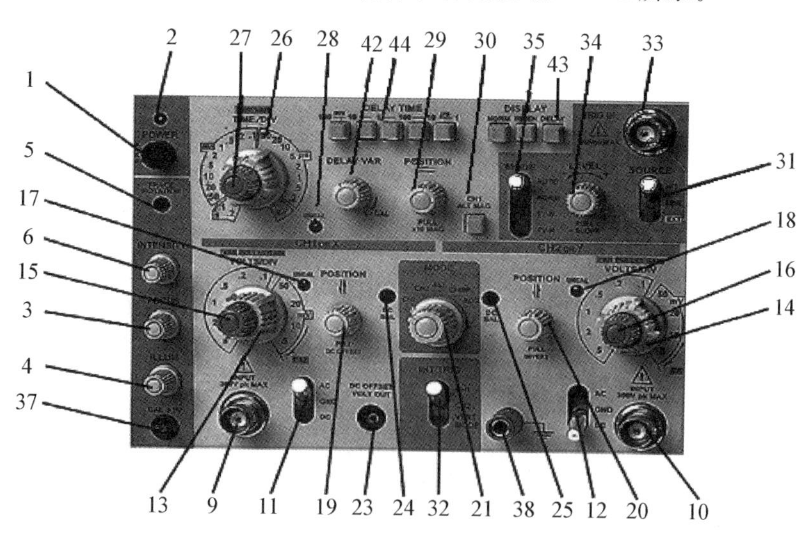

图 3-4-1　DF4322—A 型示波器的前面板和控制键分布

表 3-4-1　按键或控制键说明

序号	标识	名称	作用
1	POWER	电源开关	按下时电源接通,弹出时关闭
2	POWER LAMP	电源指示灯	当电源在“ON”状态时,指示灯亮
3	FOCUS	聚焦控制	调节光点的清晰度,使其圆又小
4	SCALE ILLUM	刻度照明控制	在黑暗的环境或照明刻度线时调此旋钮
5	TRACE ROTATION	轨迹旋转控制	用来调节扫描线和水平刻度线的平行
6	INTENSITY	亮度控制	轨迹亮度调节
9	CH1 INPUT	输入通道 1	被测信号的输入端口,当仪器工作在 X-Y 方式时,此端输入的信号变为 X 轴信号时,此端输入的信号变为 X 轴信号
10	CH2 INPUT	输入通道 2	与 CH1 相同,但当仪器工作在 X-Y 方式时,此端输入的信号变为 Y 轴信号
11,12	AC-GND-DC	输入耦合开关	用于选择垂直放大器的耦合方式 AC:输入信号通过电容器与垂直放大器连接,输入信号的 DC 成分被截止,仅有 AC 成分显示 GND:垂直放大器的输入接地 DC:输入信号直接连接到垂直放大器,包括 DC 和 AC 成分
13,14	VOLTS/DIV	选择开关	CH1 和 CH2 通道灵敏度调节,当 10∶1 的探头与仪器组合使用时,读数倍乘 10
15,16	VAR PULL×5	微调扩展控制开关	当旋转此旋钮时,可小范围地改变垂直偏转灵敏度,当逆时针旋转到底时,其变化范围应大于 2.5 倍,通常将此旋钮顺时针旋到底。当旋钮位于 PULL 位置（拉出状态）时,垂直轴的增益扩展 5 倍,且最大灵敏度为 1 mV/DIV
17,18	UNCAL	衰减不校正灯	灯亮表示微调旋钮没有处在校准位置
19	POSITION	旋钮	用于调节垂直方向位移。当旋钮位于 PULL 位置（拉出状态）时,垂直轴的轨迹调节范围可通过 DC 偏置功能扩展,可测量大幅度的波形

续表

序号	标识	名称	作用
20	POSITION PULL INVERT	旋钮	位移功能与CH119旋钮相同。但当旋钮处于PULL位置(拉出状态)时,用来倒置CH2上的输入信号极性。可方便地用于两个不同极性波形的比较,利用ADD功能键还可获得(CH1)-(CH2)的信号差
21	MODE	工作方式选择	用于选择垂直偏转系统的工作方式 CH1:只有加到CH1的信号出现在屏幕上 CH2:只有加到CH2的信号出现在屏幕上 ALT:加到CH1和CH2通道的信号能交替显示在屏幕上,这个方式通常用于观察加到两通道上信号频率较高的情况 CHOP:在这个工作方式时,加到CH1和CH2的信号受250 kHz自激振荡电子开关的控制,同时显示在屏幕上,用于观察两通道信号频率较低的情况 ADD:加到CH1和CH2输入信号的代数和出现在屏幕上
22	CH1 OUTPUT	通道1输出插口	输出CH1通道信号的取样信号
23	DC OFFSET VOLT OUT	直流电压偏置输出口	当仪器设置为DC偏置方式时,该插口可配接数字万用表,读出被测量电压值
24,25	DC BAL	直流平衡调控制件	用于直流平衡调节
26	TIME/DIV	扫速选择开关	扫描时间为19挡,从0.2 μs/div~0.2 s/div 置于X-Y时:X轴的信号连接到CH1输入,Y轴信号加到CH2输入,并且偏转范围从1 mV/div至5 V/div
27	SWP	扫描微调控制	当开关按箭头的方向顺时针旋转到底时,为校正状态,此时扫描时间由TIME/DIV开关准确读出。逆时针旋转到底扫描时间扩大2.5倍
28	SWEEP UNCAL LAMP	扫描不校正灯	灯亮表示扫描因素不校正
29	POSITION	控制旋钮	用于水平方向移动扫描线,当旋钮顺时针旋转,扫描线向右移动,逆时针旋转时扫描线向左移动。当旋钮位于PULL位置(拉出状态)时,扫速倍乘10
30	CH1 ALT MAG	通道1交替扩展开关	CH1输入信号能以×1(常态)和×10(扩展)两种状态交替显示
31	INT LINE EXT	触发源选择开关	内(INT):取加到CH1和CH2上的输入信号为触发源 外(EXT):取加到TRIG INTPUT上的外接触发信号为触发源,用于垂直方向上特殊的信号触发

续 表

序号	标识	名称	作用
32	INT TRIG	内触发选择开关	此开关用来选择不同的内部触发源 CH1:取加到CH1上的输入信号为触发源 CH2:取加到CH2上的输入信号为触发源 $\frac{\text{VERT}}{\text{MODE}}$用于同时观察两个不同频率的波形,同步触发信号交替取自于CH1和CH2
33	TRIG INPUT	外触发输入连接器	用于外接触发信号
34	TRIG LEVEL	触发电平控制	控制触发电平的起始点,也能控制触发极性(按进去是+极性(常用),拉出来是－极性)
35	TRIG MODE	触发方式选择开关	自动(AUTO):仪器始终自动触发,并能显示扫描线。当有触发信号存在时,同正常的触发扫描,波形能稳定显示。该功能使用方便 常态(NORM):只有当触发信号存在时,才能触发扫描,在没信号和非同步状态情况下,没有扫描线。该工作方式,适合信号频率较低的情况(25 Hz以下) 电视场(TV-V):本方式能观察电视信号的场信号波形 电视行(TV-H):本方式能观察电视信号中的行信号波形 注:TV-V和TV-H同步仅适用于负的同步信号
36	EXT BLANKING	外增辉插座	用于辉度调节。它是直流耦合,输入正信号辉度降低,输入负信号辉度增加
37	PROBE ADJUST	校正信号	提供幅度为0.5 V,频率为1 kHz的方波信号,用于调整探头的补偿和检测垂直和水平电路的基本功能
38	GND	接地端	示波器的接地端
42	DELAY VAR	延时控制	5种延时范围(1～10 μs, 10～100 μs, 100 μs～1 ms, 1～10 ms, 10～100 ms)可用DELAY VAR电位器连续设置
43	DISPLAY	显示	用于选择带延迟扫描的工作方式 NORM:主扫描出现在屏幕上,它用于正常工作状态 INTEN:屏幕上显示的扫描为主扫描,但它通过亮度调制指示延迟扫描 DELAY:亮度调制的部分被扩展
44	DELAY TIME	延时	用来设置带延迟扫描单时基的起始点

其他空缺序号控制键在后面板上。

2. 低频信号发生器

(1) 信号发生器前面板示意图,如图 3-4-2 所示。

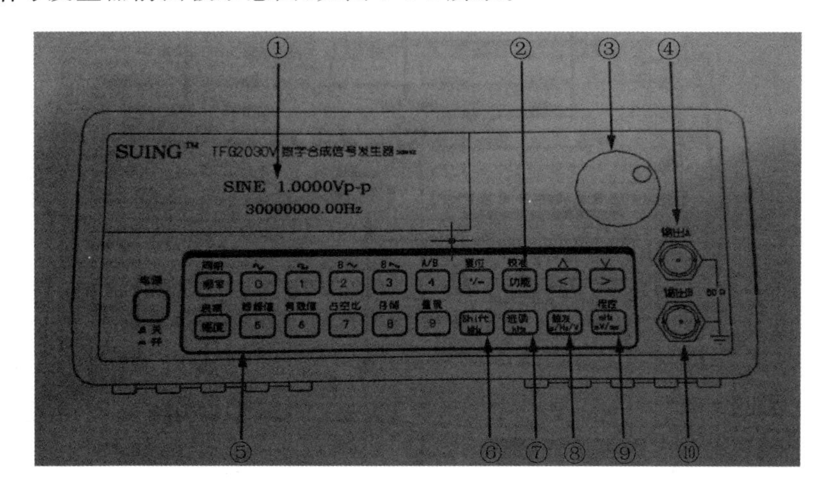

图 3-4-2　信号发生器前面板

① 菜单、数据、功能显示区　② 功能键　③ 手轮
④ 输出通道 A　⑤ 按键区　⑥ Shift(上挡)键　⑦ 选项键
⑧触发键　⑨ 程控键　⑩ 输出通道 B

(2) 功能键主菜单。

正弦 SINE(开机或重启默认值)　方波 SQUR　扫描 SWEEP

调制 AM/FM　调幅 AM ON　调频 FM ON

触发 BURST　键控 KEYNG　外测 EXCNT

(3) 按键功能。

仪器前面板上共有 20 个按键,其功能如下:

【频率】【幅度】:频率和幅度的选择键。

【0】【1】【2】【3】【4】【5】【6】【7】【8】【9】:数字输入键。

【MHz】【kHz】【Hz】【mHz】:双功能键,可作为在数字输入之后执行单位键的功能,同时也可作为数字输入的结束键。直接按【MHz】键执行“Shift”功能,直接按【kHz】键执行“选项”功能,直接按【Hz】键执行“触发”功能。

【./-】:双功能键,在数字输入之后输入小数点,“偏移”功能时输入负号。

【<】【>】:光标左右移动键。

【功能】:主菜单控制键,可循环选择六种功能。

【选项】:子菜单控制键,可在每种功能下循环选择不同的项目。

【触发】:在“扫描”、“调制”、“猝发”、“键控”、“外测”功能时作为触发启动键。

【Shift】:上挡键(显示“S”标志),按下此键之后,可以执行各个按键的上方标明图标的功能。

(4)“正弦”功能及其使用。

在本实验当中,能用到信号发生器功能的只有主菜单中的“正弦”(如需了解信号发生器更多功能者,可到实验室看说明书),下面主要介绍“正弦”功能菜单下信号的设定。

在开机或者重启之后,信号发生器所显示的是主菜单中的正弦功能(主菜单中功能之间的切换可以按【功能】键进行操作)。“正弦”功能下输出信号(以A路为例)的设定如下。

频率:例如,设定频率值为3.5 kHz,可依次按【频率】、【3】、【.】、【5】、【kHz】键来完成。按【<】或【>】键使光标指向需要调节的数字位置,左右移动手轮可使数字增大或减小,并能连续进位或借位,因此可任意粗调或细调频率。

周期:例如,设定周期值为25 ms,可依次按【Shift】、【周期】、【2】、【5】、【ms】键来完成。

幅度:例如,设定幅度值为3.2 V,可依次按【幅度】、【3】、【.】、【2】、【V】键来完成。按【Shift】、【有效值】键或【Shift】、【峰峰值】键选择幅度格式为有效值或峰峰值。

衰减:选择固定衰减0 dB(开机或复位后的第一状态就是0衰减选择,即为自动衰减AUTO),可依次按【Shift】、【衰减】、【0】、【Hz】键。

偏移:在衰减选择0 dB时,若要设定直流偏移值为−1 V,可按【选项】键,选中“A路偏移”,然后依次按【−】、【1】、【V】键。

波形:依次按【Shift】、【0】键或【Shift】、【1】键,选择正弦波或者方波。

方波占空比:例如,设定方波占空比为65%,可依次按【Shift】、【占空比】、【6】、【5】、【Hz】键。恢复初始化状态:按【Shift】、【复位】键。

【实验原理】

1. 示波器的工作原理

示波器一般由示波管、放大装置、扫描同步装置和电源四部分组成。

(1) 示波管包括电子枪、偏转板和荧光屏三部分,如图3-4-3所示。灯丝H通电炽热,使阴极C发热而发射电子。这些电子受第一和第二加速阳极(A_1和A_2)和聚焦电极FA的作用,形成一束很细的高速电子流轰击荧光屏上的荧光物质出现一个亮点。改变阳极电位,可以使不同发射方向的电子都会聚在荧光屏某一点上,这种调节称为聚焦。由于控制栅极G的电压低于阴极,调节栅极电位可控制穿过栅极的电子数,即控制了电子流的强度。荧光的亮度决定于射到屏上电子的数目和能量,调节栅极电位(调“辉度”旋钮)可以改变光点的亮度。当在水平和竖直放置的两对垂直偏转板(X_1、X_2和Y_1、Y_2)上分别加直流电压,可控制电子束射到屏上的位置(调节“POSITION”旋钮)。若在水平偏转板加上一个变化的电压,那么荧光屏上亮点在水平方向的位移与加在该偏转板的电压成正比,于是在屏上看到的是一条水平的亮线。反之,如果变化的电压加在竖直偏转板上，则在荧光屏上看到一条竖直的亮线。

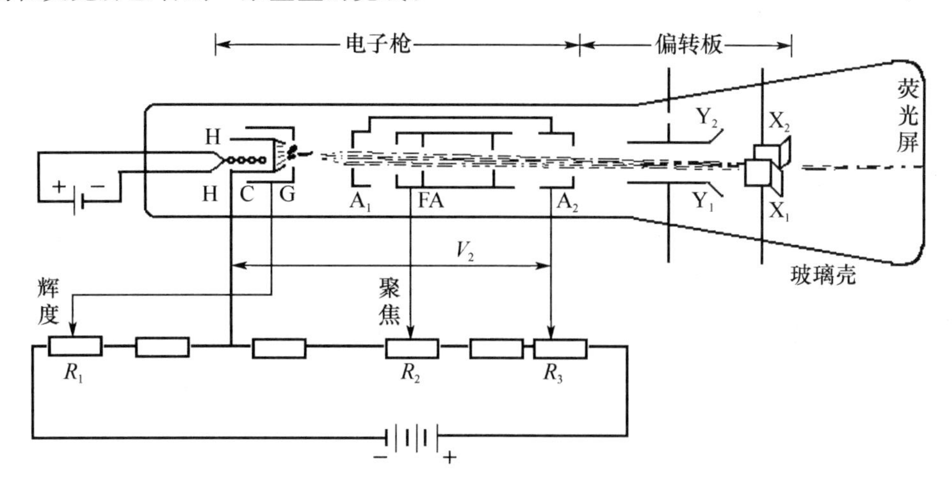

图 3-4-3　示波管的基本结构

(2) 放大装置。在保证示波器测量灵敏度的要求的前提下，不失真地放大待测信号。示波器灵敏度的单位为“V/DIV”或“mV/DIV”，DIV 为荧光屏上 1 格的长度。

(3) 扫描同步及波形合成原理。

如果在 Y 偏转板上加一个随时间作正弦变化的电压 $U_y=U_{ym}\sin\omega t$，在荧光屏上仅能看到一条铅直的亮线，而看不到正弦曲线。只有同时在 X 偏转板上加一个与时间成正比的锯齿形电压 $U_x=U_m/Tt$（见图 3-4-4），才能在荧光屏上显示出信号电压 U_y 和时间 t 关系曲线，如图 3-4-5 所示。

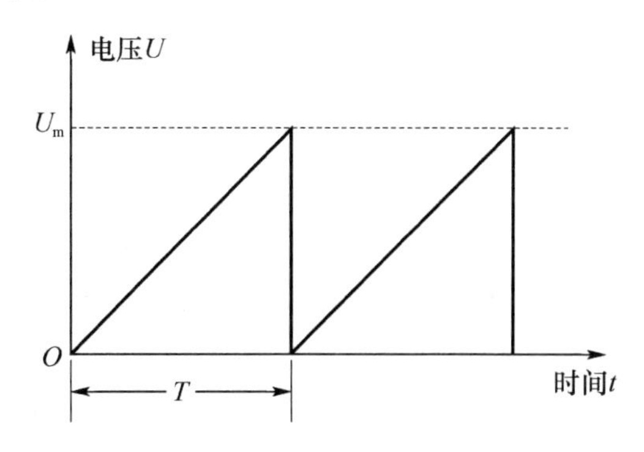

图 3-4-4　锯齿形电压

说明如下：

- 设在开始时刻 a，电压 U_y 和 U_x 均为零，荧光屏上亮点在 A 处。
- 时间 t 由 a 到 b，在只有电压 U_y 作用时，亮点沿铅直方向的位移为 $\overline{bB_y}$，屏上亮点

在 B_y 处。而在同时加入 U_x 后，电子束既受 U_y 作用向上偏转，同时又受 U_x 作用向右偏转，亮点水平位移为$\overline{bB_x}$，因而亮点不在 B_y，而在 B 处。

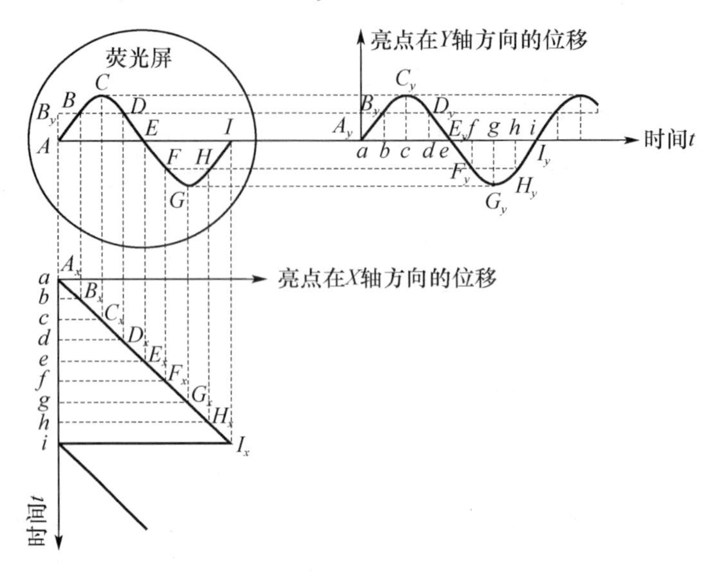

图 3-4-5　波形合成图

● 以此类推，随着时间的递增，便显示出完整的正弦波形。因此，在荧光屏上显示的正弦曲线实际上是由两个相互垂直的运动合成的轨迹。

由上可见，要想观测加在 Y 偏转板上电压 U_y 的变化规律，必须在 X 偏转板上加上锯齿电压，把 U_y 产生的垂直亮线“展开”，这个展开过程称为“扫描”，锯齿形电压又称为扫描电压。如果显示的波形处于不断变化状态，那么测量就无法进行。由于目前的示波器只能测量周期性变化的信号电压，只要将该信号电压每次扫描起始点(如图 3-4-5 中的 A 点)位置不变，当 Y 轴信号电压的周期 T_y 与 X 轴锯齿波电压的周期 T_x 满足关系 $T_x=nT_y$ 时，荧光屏上可显示稳定的 n 个波形。操作时，使用“电平”(LEVEL)旋钮来进行(迫使锯齿波与待测信号同步)。

2. 用示波器观察李萨如图形和利用李萨如图形测量交流电的频率

如果在示波器的 X 和 Y 偏转板上分别输入两个正弦信号，且它们频率的比值为简单整数时，荧光屏上就会呈现李萨如图形，它们是两个互相垂直的简谐振动合成的结果，如图 3-4-6 所示。

若 f_x 和 f_y 分别代表 X 和 Y 轴输入信号的频率，N_x 和 N_y 分别为李萨如图形与假想水平线及假想垂直线的切点数目，则它们满足关系：

$$\frac{f_y}{f_x}=\frac{N_x}{N_y} \tag{3-4-1}$$

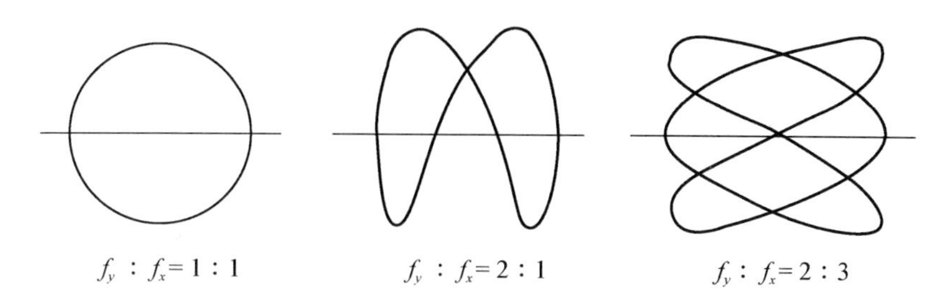

图 3-4-6　李萨如图形

如果其中一个频率是已知的(在本实验中已知 $f_x = 50$ Hz),则从观察到的李萨如图形中数出切点数 N_x、N_y,便可求出 Y 轴输入的正弦信号的频率 f_y。

【实验内容】

1. 示波器的使用与调节

(1) 为了使本仪器能经常保持良好的使用状态,请使用前先将各控制键预设如下:

电源(POWER):关
辉度(INTEN):逆时针旋到底
聚焦(FOCUS):居中
AC-GND-DC:GND
↑↓ 位移(POSITION):居中(旋钮按进)
垂直工作方式(V. MODE):CH1
触发(TRIG):自动
触发源(TRIG SOURCE):内
内触发(INT TRIG):CH1
TIME/DIV:0.5 ms/div
位移(POSITION):居中

(2) 在完成了所有上面的准备工作后,打开电源。15 s 后,顺时针旋转辉度旋钮,扫描线将出现。并调聚焦旋钮置扫描线最细,接着调整 TRACE ROTATION 以使扫描线与水平刻度保持平行。(如果打开电源而仪器不使用,应反时针旋转辉度旋钮,降低亮度)

(3) 在测量参数过程中,应将带校正功能的旋钮置"校正"位置,为使所测得数值正确,预热时间至少应在 30 min 以上。若仅为显示波形,则不必要进行预热。

2. 观察正弦波信号并测量其参数

(1) "AC　GND　DC"转换开关置于"AC"。

(2) 垂直工作方式(V. MODE)置于"CH1"。

(3) 将低频信号发生器的一定频率和幅度的信号源直接输入"CH1",屏上显示出正弦波。

(4) 调节 VOLTS/DIV 选择开关,使波形大小适中;调节 TIME/DIV 扫描开关,使屏上出现一个变化缓慢的正弦波形;调节 TRIG LEVEL(触发电平控制旋钮)和电平微调(该钮位于电平旋钮的前端),使波形稳定。

(5) 读取和记录信号的峰峰值与周期,计算信号的幅度频率。改变信号幅度和频率,重复观察和测量。

(6) 改变扫描电压的频率(TIME/DIV),观察正弦波形的变化,使屏上出现多个完整的正弦波形。

3. 观察并描绘李萨如图形,测量正弦信号频率

(1) 将被测频率信号(函数信号发生器)输入到示波器 CH2—Y 的输入端。

(2) 将 INT LINE EXT(触发源选择开关)拨在电源"LINE"(内接正弦信号加在 X 轴上)位置上。

(3) 将 TIME/DIV 扫描时基旋到"X－Y"位置上。

(4) 分别按 $N_y:N_x$ 为 1∶1、2∶1、2∶3、3∶2、3∶1 的要求,变化低频信号发生器的倍频挡,调节其频率刻盘,使频率由 0 Hz 缓慢增加到所测值,在屏上便会显示不同的李萨如图形。当出现某一个李萨如图形时,要反复调节频率刻度盘,使李萨如图形稳定。

(5) 绘下各波形图,记录低频信号器上的 f_y 作比较,并根据显示的李萨如图形和方程式(3-4-1)计算未知频率 f_y 的理论值,填入下表中。

【实验数据】

1. 利用示波器直接测量信号参数(见表 3-4-2)

表 3-4-2 正弦交流电压的测量

	电压峰-峰值			幅度	周期			频率
	V/div	div	U_{p-p}/V	U_p/V	ms/div	div	T/ms	f/Hz
信号 1								
信号 2								
信号 3								

2. 利用李萨如图形测量信号频率(见表 3-4-3)

表 3-4-3 利用李萨如图形测量信号频率

$f_x=$________(Hz)

$N_y:N_x$	李萨如图形	N_x	N_y	$f_y=\frac{N_x}{N_y}f_x$	理论值 f'_y	Δf_y
1∶1						
1∶2						
2∶3						
3∶2						
3∶1						

【思考题】

(1) 示波器为什么能把看不见的变化电压变换成看得见的图像,简述其原理。

(2) 示波器“TRIG LEVEL”(触发电平控制旋钮)的作用是什么？什么时候需要调节它？观察李萨如图形时,能否用它把图形稳定下来？

(3) 示波器的扫描频率 f_x 远小于(或远大于)Y 轴正弦波信号的频率 f_y 时,屏上将显示什么样的图形？当 $f_x=nf_y$ 时,屏上将显示多少个周期的波形？

实验五　霍尔效应的研究与应用

置于磁场中的载流体，如果电流方向与磁场垂直，则在垂直于电流和磁场的方向会产生一附加的横向电场，这个现象是霍普斯金大学年仅 24 岁的研究生霍尔于 1879 年发现的，后被称为霍尔效应。如今，霍尔效应不但是测定半导体材料电学参数的主要手段，而且利用该效应制成的霍尔元件已广泛用于非电量电测、自动控制和信息处理等方面。例如，保持通过霍尔元件的电流恒定，使霍尔元件在已知的梯度磁场中移动，则霍尔电势的大小就能反映磁场的变化，因而也就反映出位移的变化，因此，利用霍尔效应可以测量微小位移和机械振动等。

【实验目的】

(1) 了解霍尔现象及霍尔效应实验原理，学会确定霍尔元件的导电类型、电导率、载流子浓度以及迁移率。

(2) 学习用"对称测量法"消除副效应的影响，测量元件的 $V_H - I_S$、$V_H - I_M$ 曲线及霍尔灵敏度。

【实验仪器】 DH4512 型霍尔效应实验仪。

【实验原理】

霍尔效应从本质上讲是运动的带电粒子在磁场中受洛仑兹力作用而引起的偏转。当带电粒子(电子或空穴)被约束在固体材料中，这种偏转就导致在垂直电流和磁场的方向上产生正负电荷的聚积，从而形成附加的横向电场。对于图 3-5-1 所示的半导体元件，若在 x 方向通以电流 I_S，在 z 方向加磁场 B，则在 Y 方向即元件 AC、A′C′两侧就开始聚积异号电荷而产生相应的附加电场。电场的指向取决于半导体元件的导电类型。显然，该电场将阻止载流子继续向侧面偏移，当载流子所受的横向电场力 eE_H 与洛仑兹力 $\overline{ev}B$ 相等时，样品两侧电荷的积累就达到动态平衡，在 AC、A′C′侧面产生稳定的电势差即霍尔电压。故有

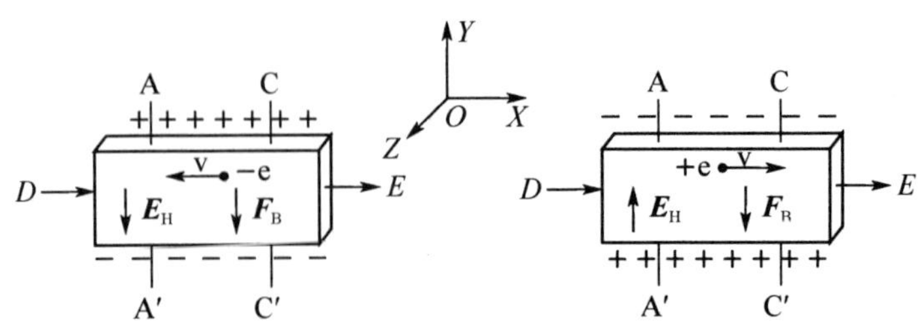

图 3-5-1　霍尔效应原理图

$$eE_{\mathrm{H}}=e\bar{v}B \tag{3-5-1}$$

其中，E_{H} 为霍尔电场，$\bar{v}$ 是载流子在电流方向上的平均漂移速度。

设元件宽为 b，厚度为 d，载流子浓度为 n，则

$$I_{\mathrm{S}}=ne\bar{v}bd \tag{3-5-2}$$

由式(3-5-1)和式(3-5-2)可得

$$V_{\mathrm{H}}=E_{\mathrm{H}}b=\frac{1}{ne}\cdot\frac{I_{\mathrm{S}}B}{d}=R_{H}\frac{I_{\mathrm{S}}B}{d} \tag{3-5-3}$$

霍尔电压 V_{H} 与 $I_{\mathrm{S}}B$ 乘积成正比，与 d 成反比。比例系数 $R_{\mathrm{H}}=1/ne$ 称为霍尔系数，它是反映材料霍尔效应强弱的重要参数。霍尔系数 R_{H} 与载流子浓度成反比，半导体内载流子浓度远比金属载流子浓度小，所以一般用半导体材料作为霍尔元件。由于霍尔电压 V_{H} 与材料厚度 d 成反比，因此霍尔元件都做得很薄，一般为 0.2 mm 左右。只要测出 V_{H}(V)以及知道 I_{S}(A)、B(Gs)和 d(cm)，可按下式计算霍尔系数 R_{H}(cm^3/C)：

$$R_{\mathrm{H}}=\frac{V_{\mathrm{H}}d}{I_{\mathrm{S}}B}\times10^{8} \tag{3-5-4}$$

上式中的 10^8 是由于磁感应强度 B 用电磁单位(Gs)而引入的。

1. 由 R_{H} 的符号(或霍尔电压的正负)判断样品的导电类型

判别的方法是按图 3-5-1 所示的 I_{S} 和 B 的方向。若测得的 $R_{\mathrm{H}}<0$(电极 A′的电位低于电极 A 的电位)，则 R_{H} 为负，样品属 N 型，反之则为 P 型。

2. 由 R_{H} 求载流子浓度 n

$n=1/R_{\mathrm{H}}e$，这个关系是假定所有载流子都具有相同的漂移速度得到的。严格一点，若考虑载流子的速度统计分布，需引入 $3\pi/8$ 的修正因子(可参阅黄昆、谢希德著《半导体物理学》)。

3. 霍尔元件的灵敏度

根据上述可知，要得到大的霍尔电压，关键是要选择霍尔系数大的材料。其次，霍尔电压的大小与元件的厚度成反比，因此薄膜型霍尔元件的输出电压较片状要高得多。就霍尔元件而言，其厚度是一定的，所以实际上采用 $K_{\mathrm{H}}=\frac{1}{ned}=\frac{V_{\mathrm{H}}}{I_{\mathrm{S}}B}$ 来表示元件的灵敏度，K_{H} 称为霍尔灵敏度，单位为 mv/(mA・T)或 mv/(mA・KGs)。

在产生霍尔效应的同时，因伴随着各种副效应，所以实验测到的 V_{H} 并不等于真实的霍尔电压值，而是包含着各种副效应所引起的虚假电压。如图 3-5-2 所示，由于测量霍尔电压的电极 A 和 A′的位置难以做到在一个理想的等势面上，因此当有电流 I_{S} 通过时，即使不加磁场也会产生附加的电压 $V_0=I_{\mathrm{S}}R$，其中 R 为 A 和 A′分别所

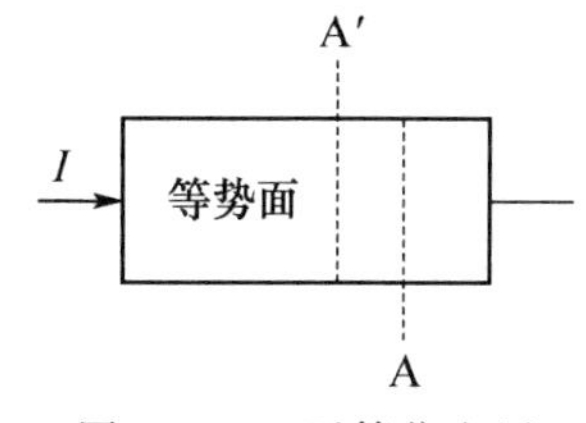

图 3-5-2　不等位电压

在的两个等势面之间的电阻。V_0 称为不等位电压，其符号只与电流 I_S 的方向有关，与磁场 B 的方向无关，因此，V_0 可以通过改变 I_S 的方向予以消除。此外，还存在由热电效应和热磁效应所引起的各种副效应，不过这些副效应除个别外，均可通过对称测量法（改变电流 I_S 和磁场 B 的方向）加以消除。具体地，在规定了电流和磁场正、反方向后，分别测量由下列四组不同方向 I_S 和 B 组合情况下的霍尔电压 $V_{AA'}$（A、A′两点的电位差），即

$$\begin{array}{lll} +B, & +I_S & V_{AA'}=V_1 \\ -B, & +I_S & V_{AA'}=-V_2 \\ -B, & -I_S & V_{AA'}=V_3 \\ +B, & -I_S & V_{AA'}=-V_4 \end{array}$$

然后求代数平均值 $V_H=\dfrac{V_1-V_2+V_3-V_4}{4}$。

【实验内容】

1. 测量霍尔元件的不等位电势 V_0 和不等位电阻 R_0

（1）用连接线将中间霍尔电压输入端短接，调节调零旋钮使电压表显示 0.00 mV。

（2）将 I_M 电流调节到最小。

（3）调节霍尔工作电流 $I_S=3.00$ mA，利用 I_S 换向开关改变霍尔工作电流输入方向分别测出不等位电压 V_{01}、V_{02}，并计算不等位电阻：$R_{01}=\dfrac{V_{01}}{I_S}$；$R_{02}=\dfrac{V_{02}}{I_S}$。

2. 测量霍尔电压 V_H 与工作电流 I_S 的关系

（1）先将 I_S、I_M 都调零，调节中间的霍尔电压表，使其显示为 0 mV。

（2）将测试仪面板上 I_M 输出分正负接到实验仪上 I_M 输入；I_S 输出分正负接到 I_S 输入；实验仪上 V_H 输出分正负接到测试仪面板上 V_H 输入；控制电源输入通过音频插线接到测试仪背后的插孔。

（3）将霍尔元件移至线圈中心，调节 $I_M=0.500$ A，调节 $I_S=0.50$ mA，按表中 I_S、I_M 正负情况切换“实验架”上的方向，分别测量霍尔电压 V_H 值（V_1，V_2，V_3，V_4）填入表 3-5-1。以后 I_S 每次增加 0.50 mA，测量 V_1、V_2、V_3、V_4 值，绘出 V_H-I_S 曲线，验证线性关系。

表 3-5-1　V_H-I_S；$I_M=0.500$ A

I_S/mA	V_1/mV	V_2/mV	V_3/mV	V_4/mV	$V_H=\dfrac{V_1-V_2+V_3-V_4}{4}$/mV
	$+I_S$，$+I_M$，	$+I_S$，$-I_M$	$-I_S$，$-I_M$	$-I_S$，$+I_M$	
0.50					
1.00					
1.50					

续表

I_S/mA	V_1/mV	V_2/mV	V_3/mV	V_4/mV	$V_H=\frac{V_1-V_2+V_3-V_4}{4}$/mV
	$+I_S,+I_M$	$+I_S,-I_M$	$-I_S,-I_M$	$-I_S,+I_M$	
2.00					
2.50					
3.00					

3. 测量霍尔电压 V_H 与励磁电流 I_M 的关系

(1) 先将 I_S、I_M 调零，调节 I_S 至 3.00 mA。

(2) 调节 I_M=100,150,200,…,500 mA，分别测量霍尔电压 V_H 值填入表 3-5-2。

(3) 根据表 3-5-2 中所得数据，绘出 I_M-V_H 曲线，验证线性关系的范围，分析当 I_M 达到一定值后，I_M-V_H 直线斜率变化的范围。

表 3-5-2　V_H-I_M；I_S=3.00 mA

I_M/mA	V_1/mV	V_2/mV	V_3/mV	V_4/mV	$V_H=\frac{V_1-V_2+V_3-V_4}{4}$/mV
	$+I_S,+I_M$	$+I_S,-I_M$	$-I_S,-I_M$	$-I_S,+I_M$	
100					
150					
200					
…					
450					
500					

4. 计算霍尔元件的霍尔灵敏度

如果已知 B，根据公式 $K_H=\frac{1}{ned}=\frac{V_H}{I_S B}$，可以计算霍尔灵敏度。

本实验所用双圆线圈(DH4512)的励磁电流与总的磁感应强度对应表见表 3-5-3。

表 3-5-3　励磁电流与总的磁感应强度对应表

电流值/A	0.1	0.2	0.3	0.4	0.5
中心磁感应强度 B/mT	2.25	4.50	6.75	9.00	11.25

5. 由 R_H 的符号(或霍尔电压的正负)判断样品的导电类型

由 R_H 求载流子浓度 n。

【仪器使用注意事项】

(1) 当霍尔片未连接到实验架，并且实验架与测试仪未连接好时，严禁开机加电，否则，极易使霍尔片遭受冲击电流而损坏。

（2）霍尔片性脆易碎、电极易断，严禁用手去触摸，以免损坏；在需要调节霍尔片的位置时，也必须谨慎。

（3）加电前必须保证测试仪的“I_S 调节”和“I_M 调节”旋钮均置零位（逆时针旋到底），切勿在电流 I_S、I_M 未调到零时就开机。

（4）测试仪的“I_S 输出”接实验架的“I_S 输入”，“I_M 输出”接实验架的“I_M 输入”。决不允许接反，否则一旦通电，会损坏霍尔片。

（5）为了不使通电线圈过热而受到损害，或影响测量精度，除在短时间内读取数据，通过励磁电流 I_M 外，其余时间最好断开励磁电流。

（6）注意：移动尺的调节范围有限！在调节到两边停止移动后，不可继续调节，以免因错位而损坏移动尺。

【思考题】

（1）什么是霍尔效应？如何利用霍尔效应测磁场？

（2）分析霍尔效应测磁场的误差来源。

知识链接与延伸

1897 年，24 岁的霍尔（Edwin Herbert Hall），在偶然的一次实验中发现了霍尔效应。霍尔的发现震动了整个科学界，许多科学家转向了这一领域。不久就发现了爱廷豪森效应、能斯脱效应、里纪-勒杜克效应及不等位电势差四个伴生效应。1980 年，由 Klaus von Klitzing 等从金属—氧化物—半导体场效应晶体管的氧化物表面上发现了量子霍尔效应的量子数为整数，这称为整数量子霍尔效应，发现者 1985 年获诺贝尔物理学奖。1998 年，崔琦（Daniel Chee Tsui）等发现了分数量子霍尔效应，发现者及解释了这一现象的 Robert B. Laughlin 获得了诺贝尔物理学奖。

在测量霍尔电势差时，由于这四种伴生效应的出现产生附加电压叠加在霍尔电压上，形成了测量中的系统误差。该误差的消除方法可采用换向对称测量法。

实验六　用电位差计测量电池电动势及内阻

电位差计是一种根据补偿原理制成的比较式精密测量仪器，测量准确度可达0.001%或更高。电位差计可以用来测量电压、电流、电源的电动势和内阻等物理量，配合标准电阻后，它可用来校准电表。此外，它也可以用于非电量测量仪器及自动测量和控制系统中。常见电位差计分为滑线式和箱式两种。

6.1　滑线式电位差计测量电池电动势和内阻

【实验目的】

（1）掌握直流电位差计的工作原理。

（2）掌握用电位差计测量电池电动势及其内阻的方法。

【实验仪器】　稳压电源、十一线电位差计、灵敏电流计、标准电池、电阻箱、待测电池等。

【实验原理】

1. 用电位差计测量电池电动势

测量电源的电动势，若将电压表直接并联在电源两端测量，由于电源有内阻，内阻上有压降，因此用电压表测量的是电源的端电压，并不是电源的电动势，测量电源的电动势可以采用补偿法。

要精确测量电动势，可将一个可以任意调节的电源 ε_0 和待测的电源 ε_x 按照图 3-6-1 连接，调节电源 ε_0 使检流计指零，此时两个电源互相补偿，在此状态下 $\varepsilon_0=\varepsilon_x$，这种测量电动势的方法称为补偿法。根据补偿原理设计的测量电动势的仪器称为电势差计。

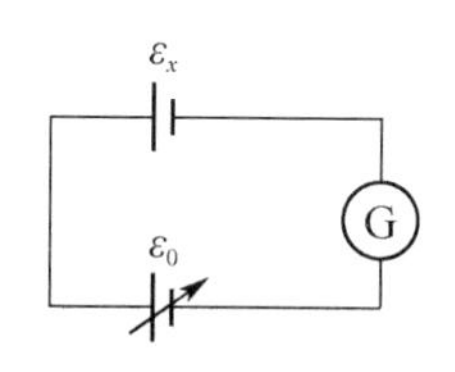

图 3-6-1　补偿法原理图

电位差计测量电池电动势的工作原理如图 3-6-2 所示，ε 为工作电源电压，R_p 为限流电阻，MN 为均匀电阻丝，a、b 为可变接触点，ε_s 为标准电池的电动势，ε_x 为待测电池的电动势，K 为开关，G 为灵敏电流计。工作原理分以下两步。

（1）校准。开关 K 打向标准电池，滑动 a、b 端点使电流计指向零，位置如图 3-6-2 中实线所示，有

$$\varepsilon_s = IR_{ab} \tag{3-6-1}$$

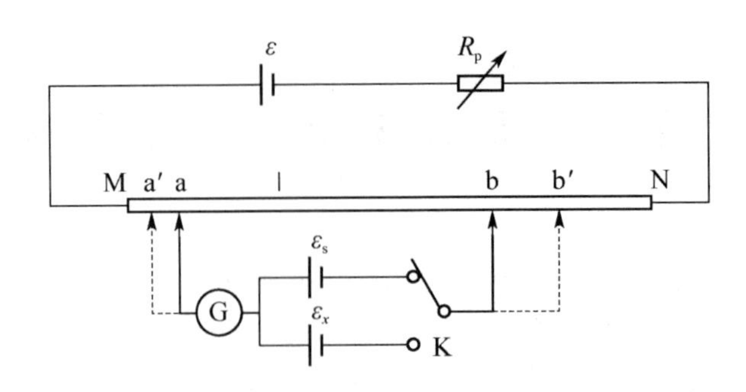

图 3-6-2 线式电位差计测量电池电动势原理图

R_{ab}为 a、b 端点实线间对应的电阻阻值。

(2) 测量。R_p 电阻不变，开关 K 打向待测电池，滑动 a、b 端点使电流计指向零，位置如图 3-6-2 中虚线 a′、b′所示，有

$$\varepsilon_x = IR_{a'b'} \tag{3-6-2}$$

$R_{a'b'}$为 a′、b′端点虚线间对应的电阻阻值。由式(3-6-1)和式(3-6-2)式得

$$\varepsilon_x = \frac{R_{a'b'}}{R_{ab}}\varepsilon_s \tag{3-6-3}$$

因为 MN 为均匀电阻丝，且 $R=\rho\dfrac{l}{S}$，因此式(3-6-3)变为

$$\varepsilon_x = \frac{l_{a'b'}}{l_{ab}}\varepsilon_s \tag{3-6-4}$$

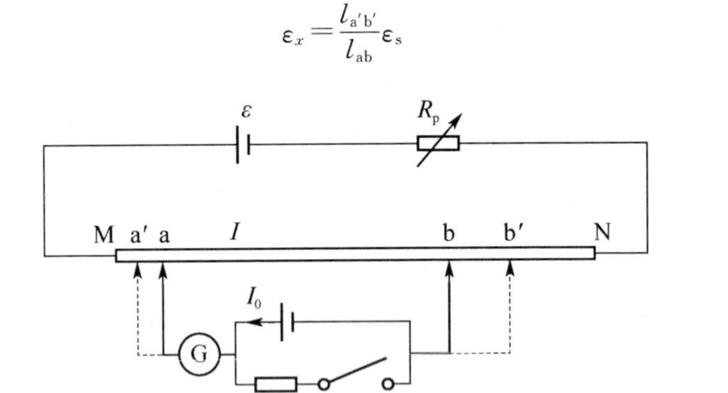

图 3-6-3 线式电位差计测量电池内阻原理图

测量电池电动势只需要测量 a、b 端点间长度即可，因此用电位差计测量电池电动势是将待测电池的电动势和标准电源的电动势进行比较得到。

2. 用电位差计测量电池内阻

用电位差计测量电池内阻工作原理如图 3-6-3 所示，当开关 K 打开时，滑动 a、b 端点使电流计指向零，位置如图中实线所示，有

$$\varepsilon_x = IR_{ab} \tag{3-6-5}$$

合上开关K，滑动a、b端点使电流计指向零，位置如图中虚线a′、b′所示。此时待测电池的路端电压为

$$U = IR_{a'b'} \tag{3-6-6}$$

由式(3-6-5)和式(3-6-6)可得

$$\frac{\varepsilon_x}{U} = \frac{l_{a'b'}}{l_{ab}} \tag{3-6-7}$$

由于

$$\varepsilon_x = I_0(R_0 + r) \tag{3-6-8}$$

其中 r 为内阻，并且

$$U = I_0 R_0 \tag{3-6-9}$$

所以

$$\frac{\varepsilon_x}{U} = \frac{R_0 + r}{R_0} = 1 + \frac{r}{R_0} \tag{3-6-10}$$

由式(3-6-7)和式(3-6-10)，可以算出内阻

$$r = R_0\left(\frac{l_{a'b'}}{l_{ab}} - 1\right) \tag{3-6-11}$$

【实验内容】

1. 用电位差计测量电池电动势

(1) 直流电源的输出调到最小，按照测量电路图3-6-4连接电路，方框中所示就是十一米线电势差计，注意电池的极性不要接反。

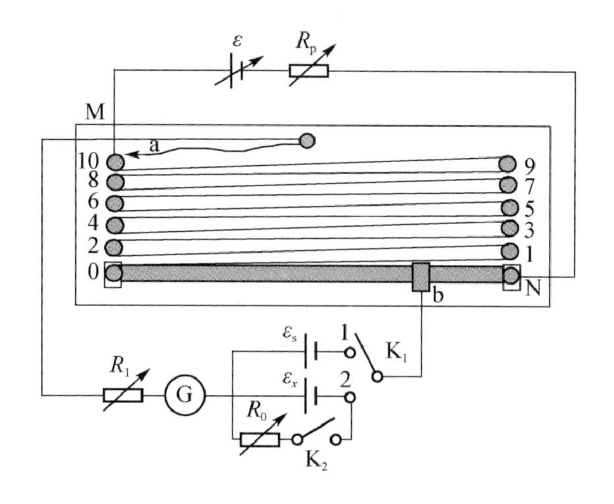

图3-6-4　测量电路图

(2) 用万用表测量待测电池和标准电池的电压，将万用表两端置于 M、N 两点，调节直流电源的电压使万用表的读数大于待测电池和标准电池的电压。

(3) R_1 阻值设置为一较大的值，开关 K_1 打向标准电池 1 端。

(4) 滑动点 b 置于 N 点，滑动点 a 接触标号 1 旋钮，观察电流计的偏转方向，注意接触旋钮后马上拿开，以免损坏电流计。然后滑动点 a 接触标号 2 旋钮，观察电流计的偏转方向，若电流计的偏转方向相同，继续这一过程直到电流计的偏转方向相反，把滑动点 a 置于电流计的偏转方向相反的这一旋钮。例如，滑动点 a 接触标号 5 旋钮，电流计的偏转方向没有改变，滑动点 a 接触标号 6 旋钮，电流计的偏转方向发生改变，将滑动点 a 置于标号 6 旋钮。

(5) 在标尺上滑动滑动点 b 直到电流计指针指向零，再逐渐减小 R_1 阻值，滑动滑动点 b 直到电流计指针指向零，记录滑动点 a、b 间的长度。

(6) 开关 K_1 打向待测电池 2 端，开关 K_2 断开，重复步骤(4)和(5)，记录五组数据。

2. 用电位差计测量电池内阻

(1) 电路即是图 3-6-4，调节 R_0 电阻使其为几欧姆。

(2) 开关 K_1 打向待测电池 2 端，合上开关 K_2，重复实验内容 1 中的步骤(4)和(5)。

(3) 稍微改变 R_0 电阻，再重新调节平衡，测量三次，记录三组数据。

【实验数据】

(1) 仿照以前的实验自己设计表格。

(2) 根据公式计算电池的电动势和内阻。

【思考题】

(1) 为什么调节直流电源的电压使 M、N 间的电压稍大于待测电池和标准电池的电压?

(2) 电位差计测量的是电池的电动势还是路端电压? 什么是补偿法?

6.2 用箱式电位差计校准电表

【实验目的】

(1) 掌握箱式电位差计的基本原理和使用方法。

(2) 学习电位差计校准电压表、电流表的方法及校准曲线的画法。

(3) 学习校准毫安表级别的方法。

【实验仪器】 UJ24 型直流电位差计(见图 3-6-5)、SS1792C 型直流稳压电源、PZ-I 型数显式直流检流计、标准电池、滑线电阻器、电压表、电流表、FJ31 型直流分压箱、标准电阻。

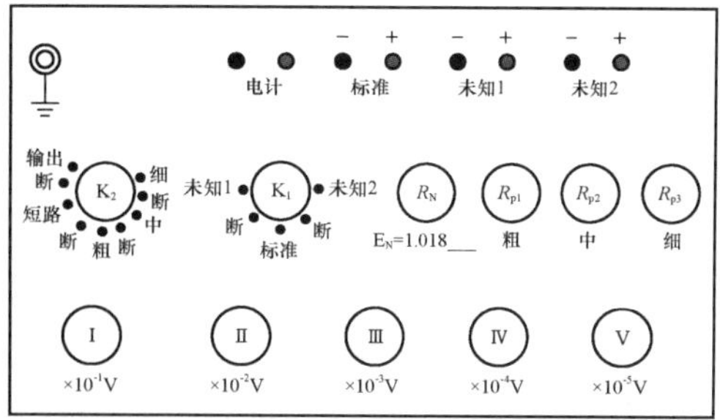

图 3-6-5　UJ24 型直流电位差计及面板示意图

【实验原理】

箱式电位差计是用来精确测量电池电动势或电势差的专门仪器,其电路分别由工作电流调节回路、标准工作电流回路和测量回路 3 个基本回路组成,如图 3-6-6 所示。使用电位差计时一定要先“校准”,后“测量”,两者不可倒置。

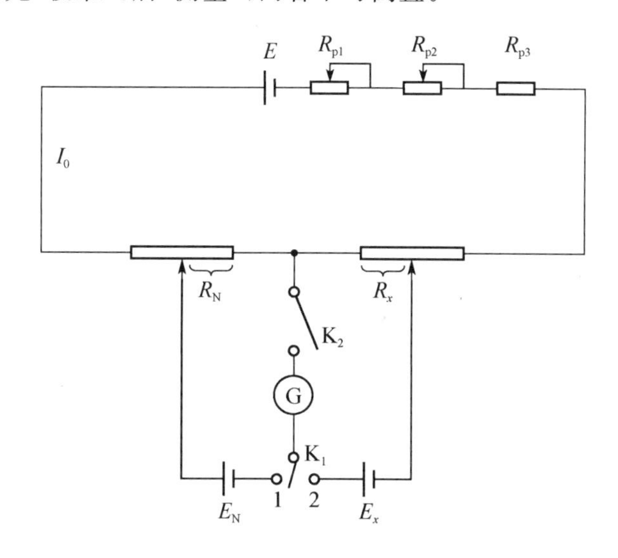

图 3-6-6　UJ24 型电位差计原理图

1. 校准

取 R_N 等于标准电池 E_N 的大小,将转换开关 K_1 打向 1(标准)位置,为了保护检流计,K_2 打向“粗”,分别调节 R_{p1}、R_{p2} 和 R_{p3}(“粗”、“中”和“细”),使检流计电流为零;K_2 打向“细”,微调 R_{p2} 和 R_{p3},使检流计电流为零。此时 R_N 上的电压降与 E_N 相等,即

$$I_0=\frac{E_N}{R_N} \tag{3-6-12}$$

这一步骤可称为工作电流的标准化或校准。

2. 测量

将 K_1 打向 2(未知)位置,为了保护检流计,K_2 打向“粗”,保持 I_0 不变(R_{p1}、R_{p2} 和 R_{p3} 不变),调节 R_x 的 5 个测量旋钮($\times10^{-1}\sim\times10^{-5}$ V),使检流计为零;K_2 打向“细”,微调旋钮Ⅳ和Ⅴ,使检流计电流为零。此时:

$$E_x = I_0 R_x \tag{3-6-13}$$

此前工作电流 I_0 已标准化,故 E_x 的大小等于 R_x 的值。

3. 校准电压表

用电位差计校准电压表的电路如图 3-6-7 所示。在电压表量程内均匀取 15 个点,调节滑线变阻器使电压表取整刻度,设电压表读数为 U',与之相对应的电位差计读数为 U(如果被测电压大于电位差计的量程 1.611 10 V,需要接入一定倍率 k 的分压箱,相应读数为 kU),则电压表的测量误差为

$$\Delta U = U' - U \tag{3-6-14}$$

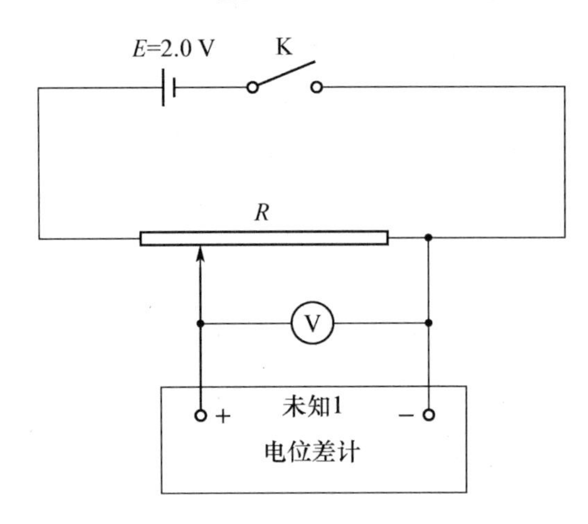

图 3-6-7　电位差计校准电压表电路

此误差反映测量点被校准表与电位差计间的偏离程度。

校准结果通常用校准曲线来表示。以电压表的读数 U' 为横坐标,ΔU 为纵坐标,将相邻两个校准点间用直线连接,可得一折线状图形,如图 3-6-8 所示。根据校准结果,可以通过公式:

$$a = \frac{|\Delta U|_{\max}}{\text{量程}} \times 100\% \tag{3-6-15}$$

来确定被校准电压表的准确度等级 a。

电表等级标志着电表结构的好坏,低等级电表的稳定性、重复性等性能都要差些。所以,校准也不可能大幅度地减小误差,一般只能减小半个数量级,而且如果电表使用的环境和校准的环境不同或校准日期过久,校准的数据也会失效。

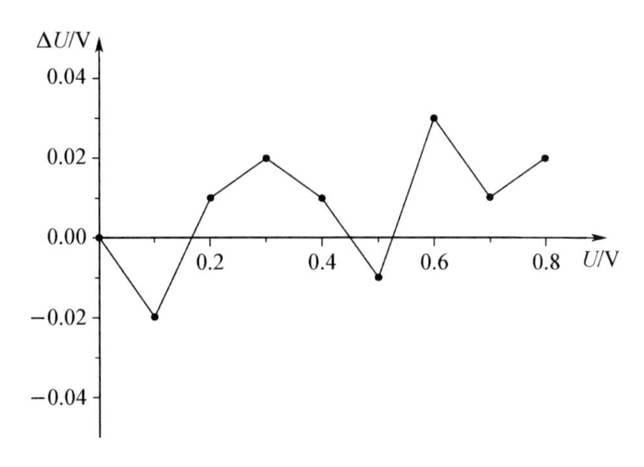

图 3-6-8　校准曲线

4. 校准电流表

用电位差计校准电流表是将流过电流表的电流转换成电压后进行测量，校准电路如图 3-6-9 所示。用电位差计精确测定与电流表串联的标准电阻 R_s 上的电压 U_s，则流过电流表的电流为

$$I=\frac{U_s}{R_s} \tag{3-6-16}$$

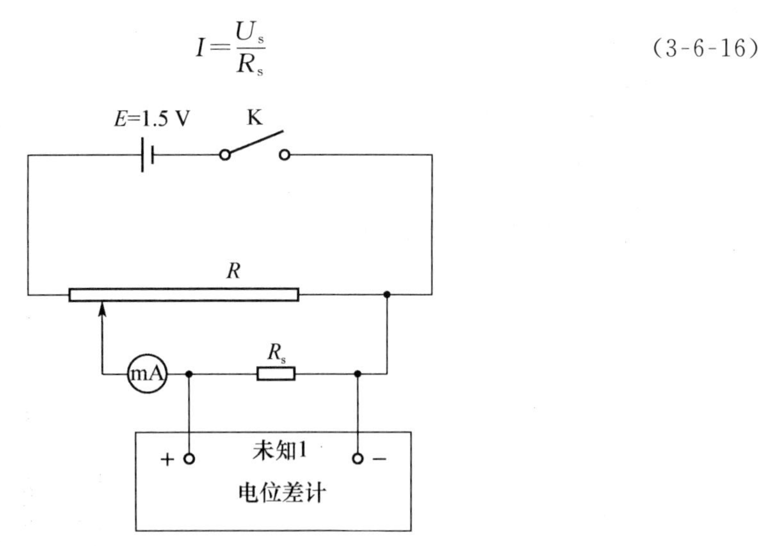

图 3-6-9　电位差计校准电流表电路

与之相对应的电流表读数为 I'，则电流表测量误差为

$$\Delta I= I'-I \tag{3-6-17}$$

标准电阻值应根据被测电流大小来选择，并按下列规则来选用：

(1) 电阻的压降应低于 1.611 10 V,但尽可能接近 1.6 V。

(2) 电阻的负荷不应超过该电阻的额定功率。

【实验内容】

1. 观察电位差计面板,了解各按钮的作用

2. 校正工作电流

根据汞镉标准电池温度修正公式

$$E_N = E_{20} - [39.94(t-20) + 0.929(t-20)^2 - 0.009\,0(t-20)^3 + 0.000\,06(t-20)^4] \times 10^{-6}\ \mathrm{V}$$

计算出室温下标准电池的电动势,一般取 $E_{20}=1.018\,60$ V。

将标准电池分正负接到"标准",直流检流计接到"电计",旋转"R_N"等于标准电池 E_N 的计算大小;将转换开关 K_1 打向"标准"位置,K_2 打向"粗",分别调节"粗"、"中"和"细"旋钮,使检流计电流为零;K_2 打向"细",微调"中"和"细"旋钮,使检流计电流为零。以后不要再动"粗"、"中"和"细"旋钮,实验中若有变化需重新校准。

3. 校准 1.5 V 量程的电压表

按图 3-6-7 连接电路(连接"未知 1"时要分清正负),滑线变阻器滑到最右端,闭合开关。调节滑动变阻器 R,使电压表指示从 0 到满偏均匀取 15 个点进行校准。每个点的校准操作如下。

(1) 读出电压表示数 U'。

(2) 将 K_1 打向"未知 1",K_2 打向"粗",调节 R_x 的 5 个测量旋钮,使检流计为零;K_2 打向"细",微调Ⅳ和Ⅴ旋钮,使检流计电流为零。此时Ⅰ～Ⅴ旋钮的读数为 U。

(3) 滑线变阻器分压由大到小,重复步骤(1)和(2),数据记录到表 3-6-1 中。

(4) 通过公式(3-6-16)确定电压表的等级。

表 3-6-1　校准电压表

室温 $t=$__________℃,$E_N=$__________V

U'/V	0	0.10	0.30	0.60	0.90	1.20	1.50
U_1/V							
U_2/V							
$\overline{U}/\mathrm{V}$							
$\Delta U/\mathrm{V}$							
等级 a							

4. 校准 15 mA 量程的电流表(选做)

按图 3-6-9 连接电路(连接"未知 1"时要分清正负),R_s 取 10 Ω,具体操作与内容 3 相同。数据记录到表 3-6-2 中。

表 3-6-2　校准电流表

室温 t=________℃，E_N=________V

I'/mA	1.00	2.00	3.00	4.00	5.00	…	…	13.00	14.00	15.00
I_1/mA										
I_2/mA										
$\bar{I}$/mA										
ΔI/mA										
等级 a										

【注意事项】

(1) 电位差计在使用时，应随时检查工作电流是否有变化，注意及时校准。

(2) 校准电流表时，标准电阻两端的电压不能超过电位差计的量程。

(3) 实验过程中，不应将电位差计持续处于测量状态(开关 K_1 和 K_2 应断开)，防止在调节电路过程中，电位差计测量端电压过大，损坏电位差计。

(4) 测量完成后，务必断开电位差计电源。

【思考题】

(1) 接线时要特别注意极性，为什么？

(2) 怎样才能提高电位差计的灵敏度？

(3) 如何设计电路用电位差计测量阻值约 100 Ω 的电阻？

实验七　螺线管磁场的测量(计算机仿真)

【主窗口】

在系统主界面上单击【螺线管磁场及其测量实验】即可进入本仿真实验平台,显示平台主窗口—实验室场景,看到实验台和实验仪器。

【主菜单】

在主窗口上单击鼠标右键,将弹出主菜单。主菜单共有七项,分别为:简介、实验仪器、实验原理(包括实验原理一和实验原理二)、接线、实验内容、实验报告、退出,如图 3-7-1 所示。用鼠标左键单击相应的菜单项即可进入相应的实验部分。

实验应按主菜单的条目顺序进行。

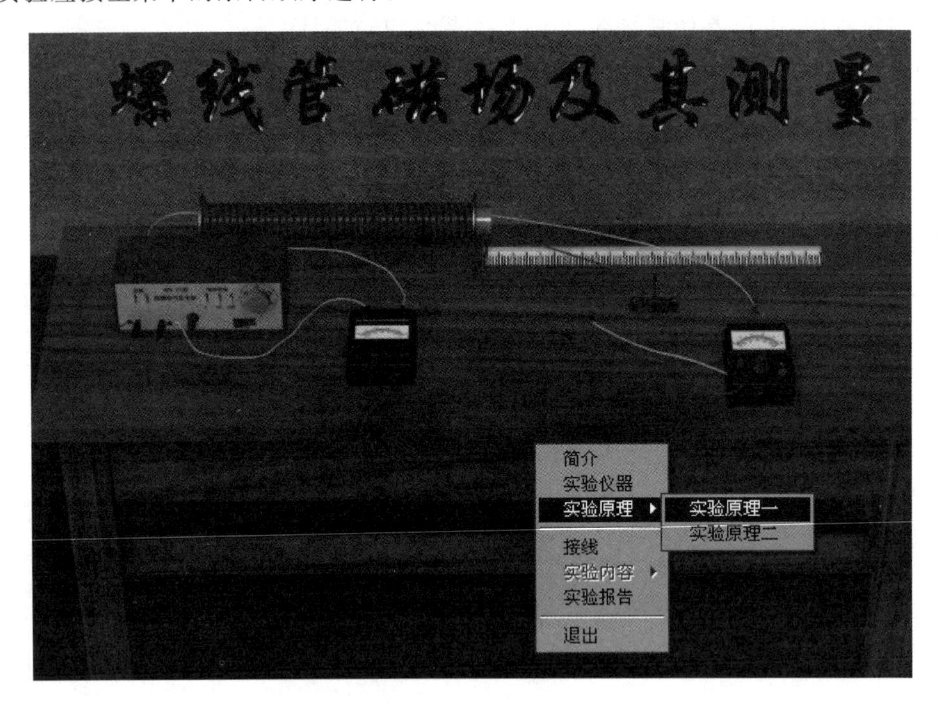

图 3-7-1　主窗口和主菜单

1. 实验简介

单击主菜单的“简介”可打开实验简介文档。将鼠标移到上面蓝条处显示操作提示,双击即可返回实验平台。

2. 实验仪器

单击主菜单的“实验仪器”可打开实验仪器文档，操作方法与查看实验简介完全类似。

3. 实验原理

包括子菜单项“实验原理一”和“实验原理二”。

单击“实验原理一”，将显示实验原理一，如图 3-7-2 所示。用鼠标操作滚动条，可使画面上下滚动。将鼠标移到上面蓝条处将显示操作提示，双击即可返回实验平台。

单击“实验原理二”，将显示实验原理二，操作方法与“实验原理一”相同。

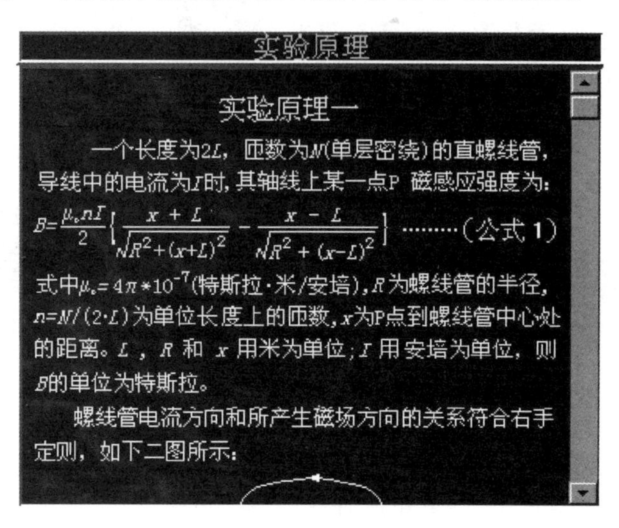

图 3-7-2　实验原理子菜单窗口

4. 实验接线

单击“接线”可进入实验接线界面。本实验中晶体管毫伏表读数会随时间产生漂移，所以做本实验的关键是对晶体管毫伏表经常短路调零以消除误差。为方便，宜加一单刀双掷开关。

接线时选定一个接线柱，按住鼠标左键不放并拖动，一根直导线即从接线柱引出。将导线末端拖至另一个接线柱并释放鼠标，即可连接这两个接线柱。删除两个接线柱的连线，可将这两个接线柱重新连接一次。

接线完毕后单击鼠标右键弹出菜单，选择“接线完毕”可判断接线是否正确，接线正确方可开始实验。选择“重新接线”可删除所有连线重接。

5. 实验内容

接线正确后此菜单才会有效。此菜单包括子菜单项“内容一”、“内容二”和“内容三”。单击“内容一”即可进入实验内容一进行实验，如图 3-7-3 所示。

仪器的基本操作方法如下。

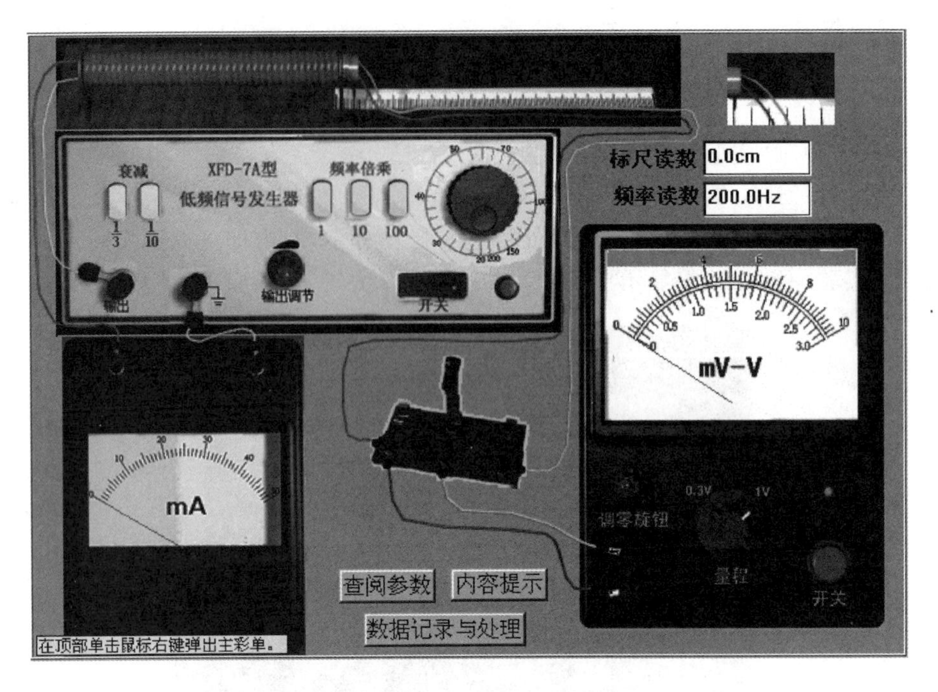

图 3-7-3　实验内容子菜单窗口

(1) 旋钮的操作方法:所有旋钮,其操作方法是一致的。即用鼠标右键单击,则旋钮顺时针旋转;用鼠标左键单击,则旋钮逆时针旋转。包括旋钮"输出调节"、"调零旋钮"以及频率调节。

(2) 按钮的操作方法:用鼠标左键单击即可按下或弹起按钮。包括"衰减"和"频率倍乘" 按钮。

(3) 拨动开关的操作方法:用鼠标左键单击开关即可改变开关的状态。

(4) 探测线圈的粗调和细调、单刀双掷开关的操作和旋钮的调节一样。

(5) 毫伏表"量程"的调节和开关的操作一样。

(6) 单刀双掷开关的刀打到左边是调零位置,可调节"调零旋钮"调零;打到中间是断路位置;打到右边是测量位置,可以测量电路的电压。

在此界面的上部单击鼠标右键将弹出主菜单,做完实验内容一后选择实验内容二、实验内容三继续实验。

实验时单击"查阅参数"按钮可打开实验参数文档,双击其上的蓝色条关闭此文档;单击"内容提示"按钮打开实验内容文档,双击其上的蓝色条关闭此文档;实验时按实验内容文档的步骤进行实验,单击"数据记录与处理"按钮打开"数据记录与处理"窗口,将测量数据记录到相应的位置,如图 3-7-4 所示。

输入数据时在所要输入的空格处单击鼠标左键,再用键盘输入数据即可。

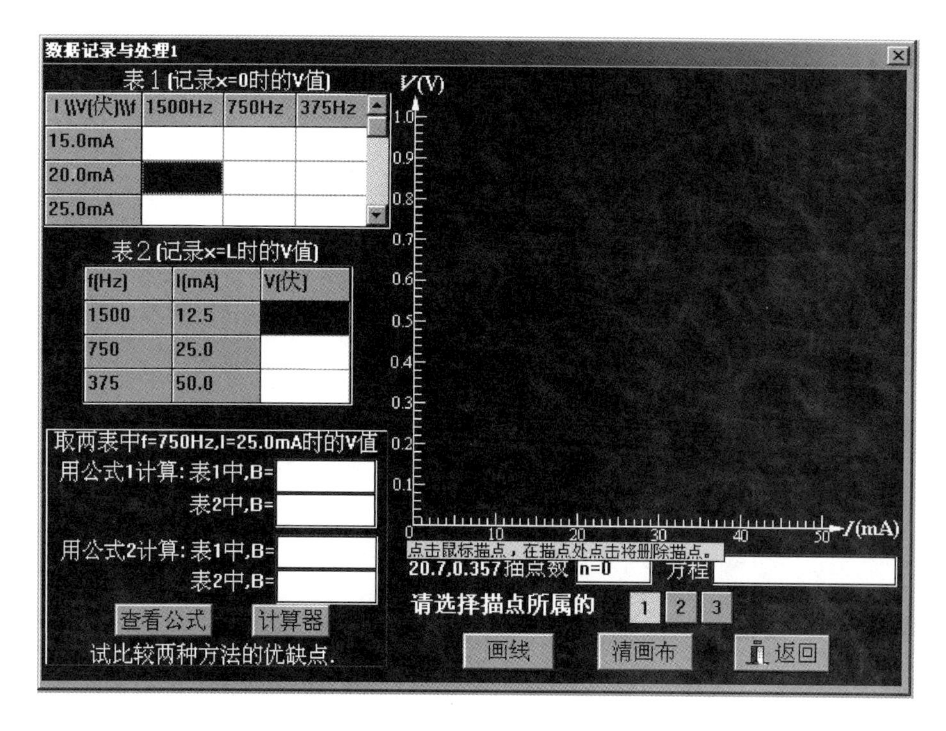

图 3-7-4 数据记录窗口

画线时先在坐标图上单击鼠标左键描点,描点完毕单击“画线”按钮可画线,如描点错误可在错点处再单击鼠标左键即可删除该点,单击“清画布”按钮可删除所有点,单击“返回”按钮可返回实验操作界面。

6. 实验报告

选择“实验报告”菜单项并单击,可调用实验报告系统,将前面所得数据记录到实验报告中以备教师检查,具体操作见实验报告说明。

7. 退出:退出实验平台

第四章 光学实验

§1 光学实验的内容和特点

一、光学实验的目的

学习和掌握光学实验的基本知识、基本方法以及培养基本的实验技能，通过研究一些基本的光学现象，加强对光学理论的理解，通过实验过程，理解和掌握正确的实验操作方法，训练创新思维，体会前人设计实验的技巧。

二、光学实验的内容

1. 学习光学中基本物理量的测量方法

基本物理量有透镜的焦距、光学系统的基点、光学仪器的放大本领和分辨率、透明介质折射率及光波波长、光栅常数等。在学习实验方法时，要注意它的设计思想、特点及其适用条件。在测量过程中，要注意观察和分析所发生的各种光学现象，注意其内在规律性。

2. 学会使用一些常用的光学仪器

常用的光学仪器有光具座、读数显微镜、测微目镜、望远镜、分光计、迈克耳孙干涉仪、摄谱仪等。要了解仪器的构造原理及正常使用状态，掌握调节到正常使用状态的方法、操作要求及注意事项，并具有较好的操作技能。这需要实验者在实验之前要有充分的预习。

3. 学习光学实验中的基本光路的布置

主要学会分析每一基本光路在整个实验中的作用，了解光路组成元件的参量及对本实验产生的影响、基本光路之间的衔接配合的要求等。

如图4-0-1所示这两个光路图,如果实验者不知道哪个是对的,那么在实验中很可能为实验中出现的干扰所困惑。

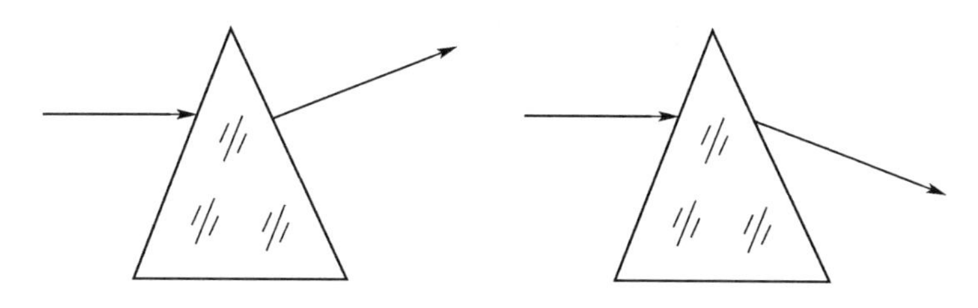

图4-0-1　光经三棱镜折射光路图

4. 继续学习分析误差的方法和提高对实验数据的处理能力

三、光学实验的特点

与普通物理其他实验相比,光学实验的难点在于精准的调节与细节的观察,故要求实验者实验时务必细心、缜密。

1. 实验和理论密切结合

实验者必须把实验和理论密切结合起来,尊重实际,详尽观察和记录各种光学现象及其出现的条件,结合理论,经过思考,作出正确的分析和解释。

2. 仪器调节的要求较高

实验前首先对仪器进行初态归位调整、零位调整、共轴等高调整、光源电压选择等;实验中警惕仪器的可调范围,绝不能存有侥幸心理盲目操作,否则,轻者会影响实验的正常进行,重者将导致精密仪器性能的下降,甚至损坏仪器。

3. 要求较高的实验素养

实验者的理论基础、操作技能的高低、判断准确程度,都将使测量数据具有不同的偏离和分散,从而影响测量结果的可靠性。另外,还要避免光学元件跌落损坏,仪器读数失误,并注意眼睛卫生。

§2 光学实验的观测方法

一、主观观察方法

人眼只有足够亮的情况下才会产生颜色的感觉，叫视觉。感觉的强弱用视见函数描述：一般情况下，人眼只能对 390～760 nm 的可见光产生视觉反应，对 550 nm 的绿光感光灵敏度最高。此外，人眼还有分辨特性、错视觉和视差，在实验中应注意它们对观察结果的影响。

二、客观观察方法

当出现超出可见光范围的光学现象或对光强测量有较高的精度要求时，则需要采用其他设备作光探测器，进行客观量度，以弥补人眼的不足。常用的光探测器有光电管、光敏电阻、光电池等。

三、光学实验的测量方法简介

1. 比较测量法

比较测量法是将被测量与已知其值的同种量相比较的测量方法。比较测量法主要包括直接比较法、间接比较法、替代测量法和零位测量法等。光学实验中液体折射率的测定，分光计最小偏向角的读数使用了比较测量法，偏振光实验中测量布儒斯特角采用了零位测量法。

2. 放大测量法

当被测物体的线度、位移、角度或微弱信号等难以测量时，往往借助于其他装置将待测量放大后进行测量。光学放大测量有两种，一种是借助光学仪器，对物体放大的像进行测量，如测微目镜、读数显微镜、望远镜等；另一种是把微小物理量放大后测量，如光杠杆、光电检流计等。

3. 补偿测量法

补偿测量法是通过调整一个或几个与被测量有已知平衡关系的标准量，去抵消或补偿这种影响，从而提高精密测量的准确度。用光电效应测普朗克常数的实验中，遏止电压的测量使用了补偿测量法。

4. 模拟测量法

模拟测量法是指将不便测量的实际研究对象或物理过程，通过其他相似方法模拟成便于控制的模型去研究和测量。模拟测量法包括数学模拟、物理模拟和计算机仿真模拟等。目前在测量领域用途最广的是计算机仿真，几乎可以模拟绝大多数物理过程，尤其在实验预习和演示方面有易于掌控、画面灵活、操作直观和多次重复等优势，打通了课内课外的界限，是很好的辅助学习手段。

5. 新技术测量法

随着科技进步，物理实验思想和方法也在不断发展，新技术几乎同步渗透在科学实验设计和测量中。热电偶、霍尔元件、光纤传感器、压电陶瓷传感器等各类传感器件，都普遍用于实验中。目前常用的CCD、硅光电池、光敏二极管、光电检流计等本身就是基于光电效应的原理设计制作的光电转换系统。

§3 光学仪器的使用与维护

光学仪器结构复杂、调节精细、光学元件易损易污，而且一般人眼是最后一个接收装置，故需要在日常使用中细心维护。

一个实验工作者，在光学实验中，不但要爱护自己的眼睛，还要十分爱惜实验室的各种仪器。实践经验证明，只有认真注意保养和正确地使用仪器，才能使测量得到符合实际的结果，同时这也是培养良好实验素质的重要方面。由于光学仪器一般设计精密，光学元件表面磨平、抛光也非常精细，有的还镀有膜层，而且光学元件大都由透明、易碎的玻璃材料制成，因此使用时一定要十分小心，不能粗心大意。

一、使用和维护不当可能造成的损坏

（1）破损：如发生磕碰、跌落、震动或挤压等情况，均会造成光学元件的破损，以致光学元件的部分或全部无法使用。

（2）磨损：由于用手或其他粗糙的东西擦拭光学元件的表面，致使光学表面（光线经过的表面）留下擦不掉的划痕，结果严重地影响了光学仪器的透光能力和成像质量，甚至无法进行观察和测量。

（3）污损：拿取光学元件不合规范，手上的油污、汗渍或对着光学元件讲话喧哗，使不洁物体沉淀在元件的表面上，留下污迹斑痕，对于镀膜的表面，问题将会更加严重。若不及时进行清除，也将降低光学仪器的透光性能和成像质量。

（4）发霉生锈：由于保管不善，光学元件长期在空气潮湿、温度变化较大的环境下使用，因玷污霉菌所致；光学仪器的金属机械部分也会产生锈斑，使光学仪器失去原来的光洁度，影响仪器的精度、寿命和美观。

（5）腐蚀、脱胶：光学元件的表面受到酸、碱等化学物品的作用时，会发生腐蚀现象；如有苯、乙醚等溶剂流到光学元件之间或光学元件与金属的胶合部分，就会发生脱胶现象。

二、使用和维护光学仪器的注意事项

（1）眼睛不能直接对着光源尤其强光源观察，以防灼伤眼睛。

（2）使用前必须对照仪器认真阅读使用说明书，详细了解所使用光学仪器的结构、工作原理，使用方法和注意事项、切忌盲目动手，抱着试试看的侥幸心理。

(3) 实验前注意初态调节、零位调节、光源预热等环节，还要关注不同类型光源对外接电压的要求，正确选择所需的变压器。如分光计的初态粗调；测单缝衍射光强分布、偏振光测量时背景光的零位修正；读数显微镜、测微目镜、迈克耳孙干涉仪中动臂位移量值的测量等，都要在实验前记录微调旋钮的零点位置读数，对实测值进行修正。零位修正对非线性关系量的准确测量影响显著。

(4) 光学元件应轻拿轻放，绝对禁止用手触及元件的光学表面或随意擦拭，只能用手接触经过磨砂的“毛面”，如透镜的侧边、棱镜的上下底毛面等，正确的方法如图 4-0-2 所示。

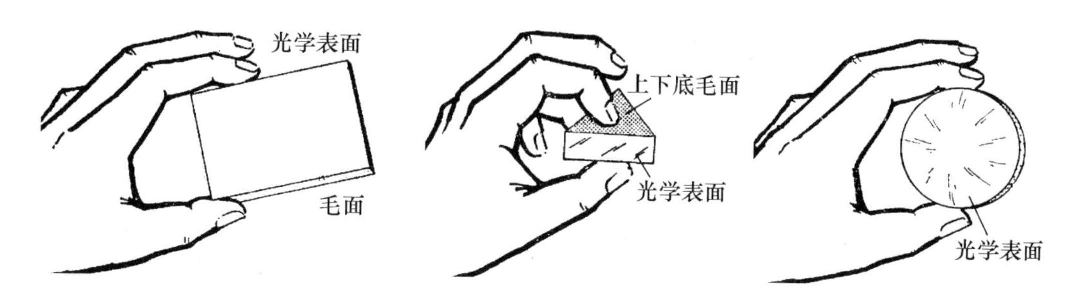

图 4-0-2　光学元件正确拿取方法

如发现光学表面有灰尘，可用毛笔、镜头纸轻轻擦去，也可用清洁的空气球吹去，对于没有镀膜的表面，可在教师的指导下，用干净的脱脂棉花蘸上清洁的溶剂如酒精、乙醚等，仔细地将污渍擦去(但要注意，不要让溶剂流到元件胶合处，以免产生脱胶)。对于镀有膜层的光学元件，则应送实验室作专门技术处理。使用和搬动光学仪器时应轻拿轻放，谨慎小心，避免受震、碰撞，更要避免跌落地面。光学元件使用完毕，不应随便乱放，要做到物归原处。

(5) 仪器放置在干燥、空气流通的实验室中，仪器用后务必断电、复原并防尘，一般要求保持空气相对湿度为 60%～70%，室温变化不能太快和太大，还要防止含有酸性或碱性的气体侵入。

(6) 对于光学仪器中机械部分应注意添加润滑剂，以保持转动、平移部分的灵活平稳连续，操作时关注可调节范围，并注意防止生锈，以保持仪器外貌光洁美观。

(7) 如仪器长期不使用，应将仪器放入带有干燥剂(硅胶)的木箱内，防止光学元件受潮，发生霉变，并做好定期检查，发现问题及时处理；电源光源定期通电。

实验一　薄透镜焦距的测定

透镜是光学仪器中最基本的元件，反映透镜特性的一个主要参量是焦距，它决定了透镜成像的位置和性质(大小、虚实、倒立)。对于薄透镜焦距测量的准确度，主要取决于透镜光心及焦点(像点)定位的准确度。本实验在光具座上采用几种不同方法分别测定凸、凹两种薄透镜的焦距，以便了解透镜成像的规律，掌握光路调节技术，比较各种测量方法的优缺点，为今后正确使用光学仪器打下良好的基础。

【实验目的】

(1) 学习光具座上各元件等高共轴调节的方法。

(2) 掌握测定薄透镜焦距的几种基本方法。

(3) 分析比较透镜焦距测定各方法的特点。

(4) 观察透镜的像差。

【实验仪器】 光具座、凸透镜、凹透镜、平面反射镜、光源、物屏、像屏。

光具座是实验室最基本的光学平台，绝大多数光学实验都在光具座上完成。常用于薄透镜的焦距，光具组的基点，光的干涉、衍射和偏振等相关测量。它是由一条长 1.5 m 的导轨、滑座、光具夹组成，如图 4-1-1 所示。利用光具座进行实验，测量之前必须调节各光学元件的等高共轴。各光学元件(薄透镜、双棱镜等)固定在光具夹上，可以通过调整滑座来实现光学元件等高共轴调节，并可随其改变它们的相对位置，由导轨上的标尺读出位置(标尺的分度值为 1 mm)。

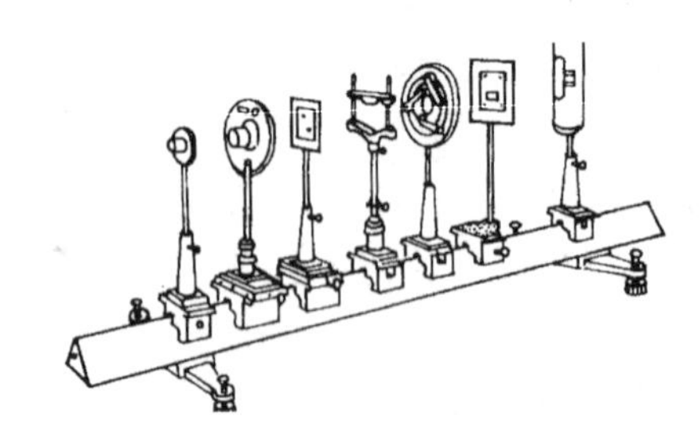

图 4-1-1　光具座

光具夹包括三爪式透镜夹，用于固定薄透镜等圆形光学元件；测微目镜夹，用于固定测微目镜；矩形镜片夹等。

【实验原理】

一、凸透镜焦距的测定

1．粗略估测法

以太阳光或较远的灯光为光源(近似平行光入射)，用凸透镜将其发出的光线聚成一点，该点近似认为是焦点，而光点到透镜中心(光心)的距离，即为凸透镜的焦距，此法测量的误差约为10%。由于这种方法误差较大，大都用在实验前作粗略估计，如挑选透镜等。

2．物距像距法

在近轴光线的条件下，薄透镜成像的高斯公式为

$$\frac{f'}{s'}+\frac{f}{s}=1 \tag{4-1-1}$$

当将薄透镜置于空气中时，则焦距为

$$f'=-f=\frac{s's}{s-s'} \tag{4-1-2}$$

式中，f'为像方焦距，f为物方焦距，s'为像距，s为物距，如图4-1-2所示。

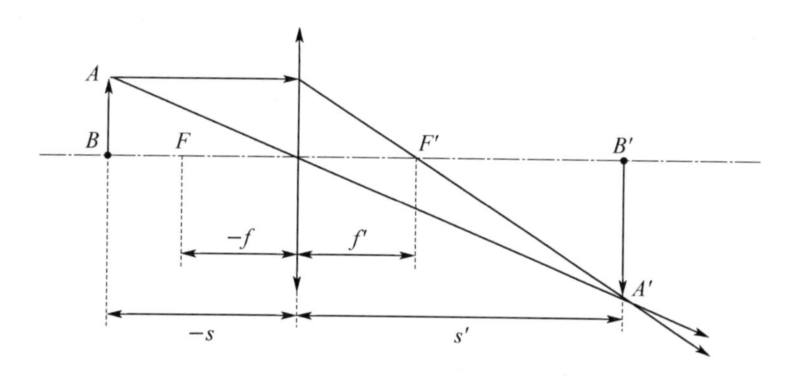

图4-1-2　薄透镜成像规律

式中的各线距均从透镜中心(光心)量起，应用上式时应注意各物理量的符号，规定自参考点(透镜中心)量起，左负右正。应用式(4-1-2)计算，测得量须添加符号，求得量则根据求得结果中的符号判断其物理意义。

3．自准法

如图4-1-3所示，在待测透镜L的一侧放置被光源照明的“1”字形物屏AB，在另一侧放一平面反射镜M，移动透镜(或物屏)，当物屏AB正好位于凸透镜之前的焦平面时，

物屏 AB 上任一点发出的光线经透镜折射后，将变为平行光线，被平面镜反射回来(仍为平行光)，再经透镜折射后，将会聚在它的焦平面上，即原物屏上，形成一个与原物等大倒立的实像 A′B′。此时物屏到透镜之间的距离，就是待测透镜的焦距。

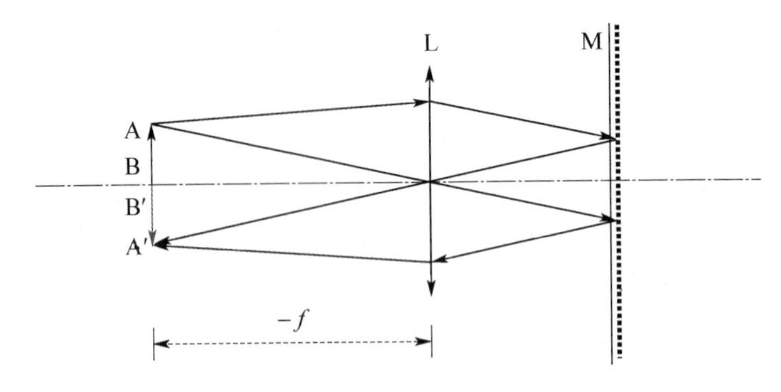

图 4-1-3　自准法测焦距

由于这个方法是利用调节实验装置本身使之产生平行光以达到聚焦的目的，所以称之为自准法，该法测量误差在 1%～5%之间。自准法是几何光学实验的一种基本方法，在分光计以及光具组基点的测定中均会用到。

4. 共轭法(又称位移法、二次成像法或贝塞尔物像交换法)

物距像距法、自准法、粗略估测法都因透镜的中心位置不易确定而在测量中引进误差，为避免这一缺点，可取物屏和像屏之间的距离 D 大于 4 倍焦距，且保持不变，沿光轴方向移动透镜，则必能在像屏上观察到二次成像。如图 4-1-4 所示，设物距为 s_1 时，得放大的倒立实像；物距为 s_2 时，得缩小的倒立实像，透镜两次成像之间的位移为 d，则有

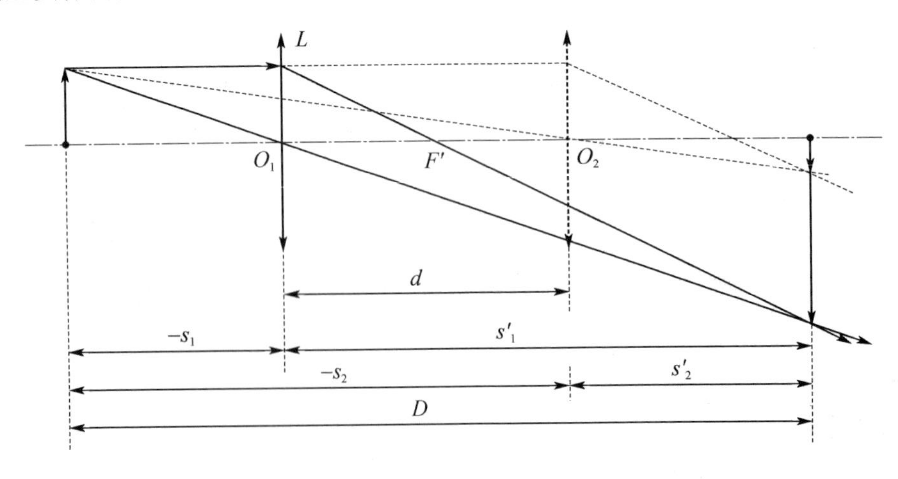

图 4-1-4　共轭法测焦距

$$s_1=-s_2'=-\frac{D-d}{2}\quad s_1'=-s_2=-\frac{D+d}{2}\tag{4-1-3}$$

将式(4-1-3)代入式(4-1-2)即得

$$f'=\frac{D^2-d^2}{4D}\tag{4-1-4}$$

可见,只要在光具座上确定物屏、像屏以及透镜二次成像时其滑座边缘所在位置,就可较准确地求出焦距 f'。这种方法无须考虑透镜本身厚度,测量误差可达到1%。

二、凹透镜焦距的测定

1. 虚物呈实像法(又称为辅助透镜法)

如图4-1-5所示,先使物屏AB透过的光线经凸透镜 L_1 形成一大小适中的实像 $A'B'$,像屏位置 X_1;然后在凸透镜 L_1 和 $A'B'$之间 X_0 处放入待测凹透镜 L_2,使虚物 $A'B'$ 在 X_2 处产生一实像 $A''B''$。分别测出 L_2 到 $A'B'$和 $A''B''$之间距离 s 和 s',根据式(4-1-2)即可求出凹透镜 L_2 的像方焦距 f_2'。

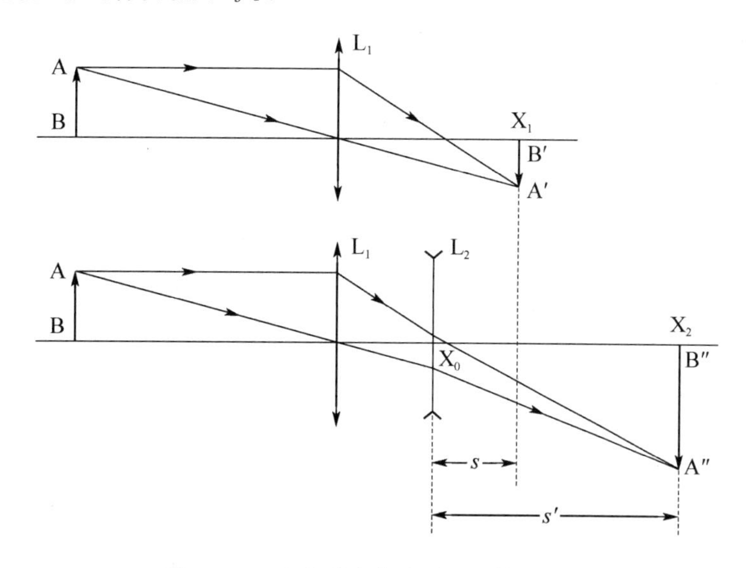

图4-1-5 虚物成实像法测凹透镜的焦距

2. 凹透镜自准法

如图4-1-6所示,在光路共轴的条件下,L_2 在适当位置不动,移动凸透镜 L_1,使物屏上物AB发出的光经凸透镜 L_1 呈缩小的实像 $A'B'$,然后放置并移动凹透镜 L_2,在物屏上得到一个与物大小相等的倒立实像。由光的可逆性原理可知,由 L_2 射向平面镜M的光线是平行光线,点 B'是凹透镜 L_2 的焦点。记录凹透镜 L_2 和实像 $A'B'$的位置,可直接测

出 f_2'。

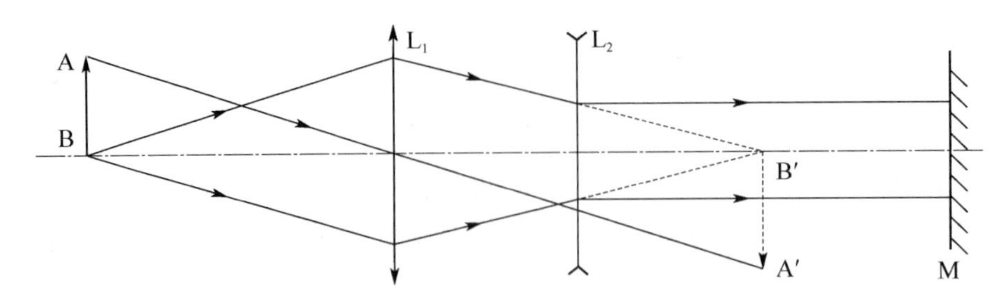

图 4-1-6 自准法测凹透镜焦距

【实验内容】

1. 光学元件等高同轴的调整

薄透镜成像高斯公式仅在近轴光线的条件下才能成立,应使各光学元件的主光轴重合(简称等高同轴),才能满足近轴光线的要求。等高同轴的调节是光学实验必不可少的一个步骤。

调节时,首先目测粗调。将所有光学元件放置在光具座上,使之靠拢,将光源和各光学元件的中心轴调节成与导轨平行的一条直线上,且使物屏、透镜及像屏所在平面相互平行且与光具座导轨垂直。

然后借助仪器或者应用光学的基本规律进行微调。在本实验中,我们利用透镜成像的共轭原理进行调整。

(1) 将光源、物屏、凸透镜像屏按顺序置于光具座上,物屏与像屏之间的距离大于4倍焦距,固定物屏和像屏。

(2) 移动凸透镜,像屏上分别可得到放大和缩小的像。若各光学元件已共轴,则移动透镜时,则大像与小像的中心将重合,且在光轴上。若物像中心不在光轴上,则两次成像的中心必不重合。可根据两次成像中心的相对位置,调整透镜的高低左右,使各元件共轴(大小像中心重合)。具体方法是:沿光具座导轨移动透镜找到大像,用笔在像屏上大像的中心描一点,移动凸透镜,找到小像的中心,看是否与大像中心重合,若不重合,调节凸透镜滑座的高低、左右,使小像的中心与大像中心重合。滑座高低左右发生变化,大像的中心也将移动,因此要再次找到大像的中心,调节滑座使小像的中心与大像中心重合,如此反复,直到大像和小像的中心完全重合。此种方法简称为小像追大像法。

(3) 多光学元件调共轴,方法是先调好一个,再放一个光学元件,一个一个逐渐调节。凸透镜与物屏已等高共轴,则将凹透镜放到凸透镜与光屏之间,调节凹透镜及光屏的相对位置，使像屏上获得一清晰的像，观察像的中心是否与凸透镜直接成像时像的中心重合，若重合则三光学元件已共轴，若有偏移，则调节凹透镜的高低左右，使像的中心与凸透镜直接成像时像的中心重合。

2. 测量凸透镜的焦距

1）自准法

用光源照亮"1"字物屏，将凸透镜和平面镜依次装在光具座的支架上。固定物屏及平面镜，移动凸透镜，直到物屏上出现清晰的"箭头"像，记录物屏的位置及凸透镜的位置，二者之间的距离，即为透镜的焦距。重复测量5次，求其平均值和标准偏差。

在实际测量时，由于对成像清晰程度的判断总有一定的误差，故常采用左右逼近法读数，先使透镜由左向右移动，当像刚清晰时停止，记下透镜的位置，再使透镜自右向左移动，在像刚清晰时又可读得一数，取这两次读数的平均值作为成像清晰时凸透镜的位置。

2）物距像距法

将物屏、凸透镜、像屏依次置于光具座上。固定物屏，移动凸透镜及像屏的相对位置，使光经透镜在屏上获得清晰的像，记录透镜与像屏的位置。物屏与透镜的距离为物距，像屏与透镜等距离为像距，代入公式(4-1-2)可求得焦距。重复测量5次，分别算出焦距f'，然后求其平均值和标准偏差。

3）共轭法

将物屏、凸透镜、像屏依次置于光具座上，令物屏与像屏之间的距离略大于4倍焦距。固定物屏及像屏，移动凸透镜，分别记录像屏成一大一小清晰像时透镜的位置，两个位置之间的距离即为d；物屏的位置D_1，像屏的位置D_2，D_1与D_2之间的距离即为D，利用式(4-1-4)，即可求出焦距。改变像屏的位置，重复测量5次。分别算出焦距f'，然后求其平均值和标准偏差。

注意：间距D不要取得太大。否则，将使一个像缩得很小，以致难以确定凸透镜在哪一个位置上时成像最清晰。

3. 测量凹透镜的焦距

凹透镜焦距的测定，需借助凸透镜。将光源、物屏、凸透镜和像屏依次置于光具座上，使像屏上形成缩小清晰的像，记录像屏1的位置x_1。固定凸透镜，在凸透镜和像屏之间放入凹透镜，移动像屏，使像屏上获得清晰的像，利用左右逼近法测定像屏2的位置x_2，并记录凹透镜的位置x_0，像屏1与凹透镜的距离为物距s，像屏2与凹透镜的距离为像距s'，利用式(4-1-2)计算凹透镜的焦距，重复测量5次，求其平均值和标准偏差。

【实验数据】

1. 自准直法测凸透镜焦距数据记录表(见表 4-1-1)

表 4-1-1 自准直法测凸透镜焦距数据记录表

物屏位置 $x_0=$________mm

次序 \ 项目	透镜位置 x/mm	焦距/mm $f'=x-x_0$
1		
2		
3		
4		
5		
平均		

结果:$f'=($ $\pm$ $)$mm

2. 物距、像距法测凸透镜焦距数据记录表(见表 4-1-2)

表 4-1-2 物距、像距法测凸透镜焦距数据记录表

物屏位置 $x_0=$________mm

次序 \ 项目	透镜位置 x/mm	像屏 x'/mm	物距 s/mm	像距 s'/mm	焦距 f'/mm
1					
2					
3					
4					
5					
平均					

结果:$f'=($ $\pm$ $)$mm

3. 贝塞尔法测凸透镜焦距数据记录表(见表 4-1-3)

表 4-1-3 贝塞尔法测凸透镜焦距数据记录表

物屏位置 $D_1=$______mm

项目 次序	透镜位置 d_1/mm	透镜位置 d_2/mm	像屏 D_2/mm	D/mm	d/mm	f'/mm
1						
2						
3						
4						
5						
平均						

结果：$f'=($ ± $)$mm

4. 物距、像距法测凹透镜焦距数据记录表(见表 4-1-4)

表 4-1-4 物距、像距法测凹透镜焦距数据记录表

项目 次序	像屏 1 的位置 x_1/mm	像屏 2 的位置 x_2/mm	L_2/mm	$s=x_1-L_2$ /mm	$s'=x_2-L_2$ /mm	f'/mm
1						
2						
3						
4						
5						
平均						

结果：$f'=($ ± $)$mm

【注意事项】

(1) 在使用仪器时要轻拿、轻放，勿使仪器受到震动和磨损。

(2) 任何时候都不能用手去接触玻璃仪器的光学面，以免在光学面上留下痕迹，使成像模糊或无法成像。如必须用手拿玻璃仪器部件时，只准拿毛面，如棱镜的上、下底面，透

镜、平面镜的边缘等。

(3) 当光学表面有污痕或手迹时，对于非镀膜表面可用清洁的擦镜纸轻轻擦拭，或用脱脂棉蘸擦镜水擦拭。对于镀膜面上的污痕则必须请专职教师处理。

【自主学习】

本实验的操作难点在于光具座共轴的调节与清晰像位置的寻找与确定，这里采用左右逼近法减小由此带来的误差。

(1) 为什么在光源前加毛玻璃？为使像更为清晰，光源应选用单色还是复色？

(2) 用自准法测凸透镜焦距时，若固定凸透镜，改变平面镜和凸透镜之间的距离，成像有无变化？并加以解释。

(3) 用贝塞尔法测凸透镜焦距时，为什么 D 应略大于 $4f$？

(4) 为什么实验中要用坐标纸作像屏？

(5) 本实验还有哪些操作难点？针对操作难点，摸索并掌握正确的调节方法。

【实验探究与设计】

(1) 尝试设计用自准法测凹透镜焦距的实验方案，并完成实验。

(2) 已知会聚透镜的焦距大于光具座的长度，请设计一个实验，在光具座上测出焦距。

实验二　透明介质折射率的测定

折射率是光学材料的重要参数之一，它与材料的温度、湿度、浓度等基本物理量有一定的关系，在科研和生产实际中，常通过测量折射率来获得材料的相关信息。测量折射率的方法可大致分为三类：一类是应用折射定律及反射、全反射定律，通过准确测量角度来求折射率的几何光学方法，比如最小偏向角法、掠入射法、全反射法和位移法等。另一类是利用光通过介质（或由介质反射）后，透射光的位相变化（或反射光的偏振态变化）来测定折射率的物理光学方法，比如布儒斯特角法、干涉法、椭偏法等。第三类是利用表面等离子体共振（简称 SPR）传感技术测定气体或液体折射率，它是通过对反射光强的测量，得到折射率的。本实验介绍用掠入射法测定液体折射率，用光的折射和反射定律测固体折射率，是最简单的几何光学测定方法。本实验用掠入射法测定液体折射率，用光的折射法测固体折射率。

【实验目的】

（1）了解阿贝折射仪的工作原理，熟悉其使用方法；

（2）用掠入射法测定液体的折射率；

（3）用像的视高法测固体的折射率。

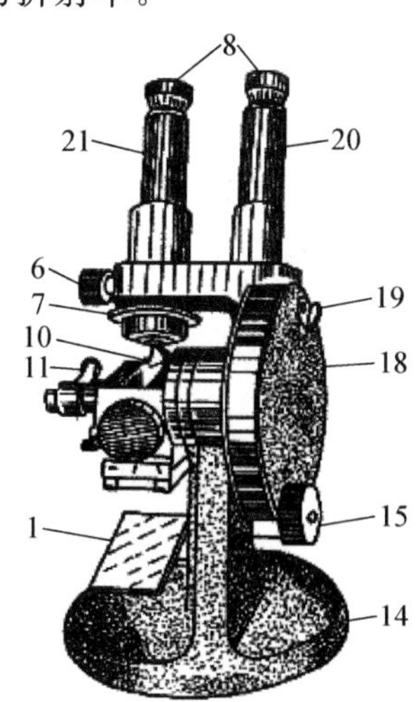

图 4-2-1　WZS-1 型阿贝折射仪结构图

1—反光镜；6—阿米西棱镜手轮（色散调节手轮）；7—色散值刻度圈；8—目镜；10—棱镜锁紧手柄；11—棱镜组；13—温度计座；14—底座；15—折射率刻度调节手轮（转动棱镜）；16—校正螺钉；18—圆盘组；19—小反光镜；20—读数镜筒；21—望远镜筒

【实验仪器】 阿贝折射仪，读数显微镜，钠灯，玻璃砖，水、酒精等待测液体。

一、阿贝折射仪的外部结构

阿贝折射仪是测量固体和液体折射率的常用仪器，测量范围为 1.3～1.7，可以直接读出折射率的值，操作简便，测量比较准确，精度为 0.000 3。测量液体时所需样品很少，测量固体时对样品的加工要求不高。实验常用阿贝折射仪型号有两种：WZS-1 型结构见图 4-2-1、2WAJ 型结构见图 4-2-2。

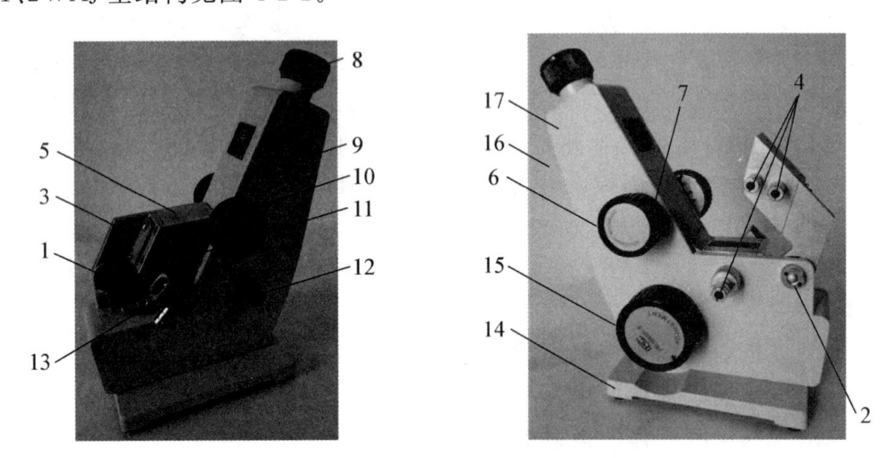

图 4-2-2 2WAJ 型阿贝折射仪结构图

1—反光镜；2—棱镜座连接转轴；3—遮光板；4—恒温器接头；5—进光棱镜座；6—色散调节手轮；7—色散值刻度圈；8—目镜；9—盖板；10—棱镜锁紧手轮；11—折射标棱镜座；12—照明刻度盘聚光镜；13—温度计座；14—底座；15—折射率刻度调节手轮；16—校正螺钉；17—壳体

二、阿贝折射仪的光学系统

WZS-1 型阿贝折射仪的光学系统由两部分组成：望远系统与读数系统如图 4-2-3 所示。

望远系统：光线经反射镜 1 反射进入照明棱镜 2 及折射棱镜 3，待测液体放置在棱镜 2 与 3 之间，经阿米西消色差棱镜组 4 抵消由于折射棱镜待测物质所产生的色散，通过物镜 5 将明暗分界线成像于分划板 6 上，再经目镜 7 和 8 放大成像后为观察者所观察。

阿米西消色差棱镜组由两个完全相同的直视棱镜组成，每一个直视棱镜又由 3 个分光棱镜复合而成，如图 4-2-4 所示。棱镜 1 和 3 的介质相同，与棱镜 2 互为倒置，并使钠黄光（D 线）能无偏向地通过，但对波长较长的红光（C 线）、波长较短的紫光（F 线），因复

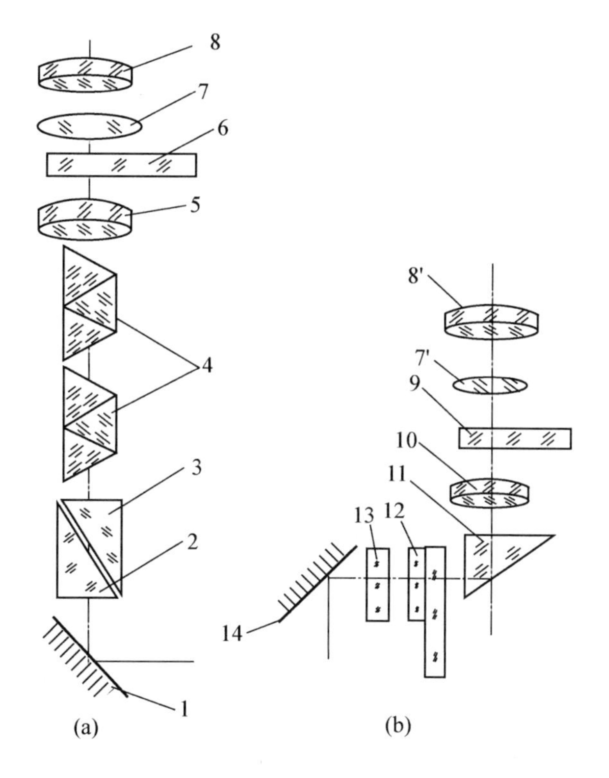

图 4-2-3 阿贝折射仪光学结构示意图

合棱镜的色散，将产生相应的偏折，其主截面如图 4-2-4 所示。消色差棱镜组通过一个公用的旋钮调节，使之绕望远镜的光轴沿相反方向同时转动，转动的角度可从读数盘上读出。在平行于阿贝折射棱镜的主截面内，产生一个随转动角度改变的色散，色散的方向和数值的大小均可变化，以抵消由于折射棱镜和待测样品产生的色散，使半荫视场清晰、界线分明。从消色差棱镜组转动的角度，对照仪器的附表，便可查得样品的平均色散 $n_F - n_C$。

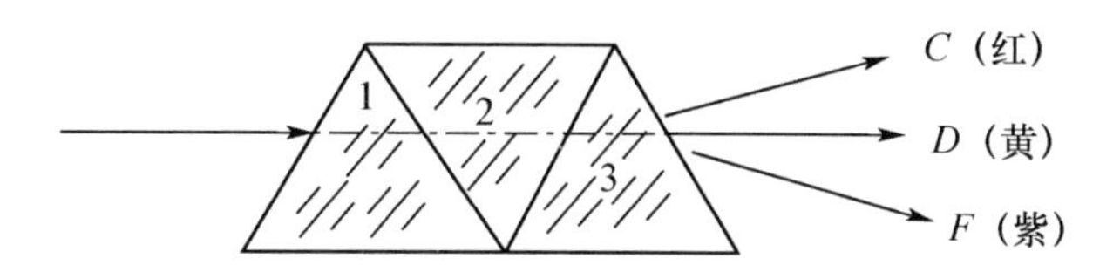

图 4-2-4 阿米西消色差棱镜

读数系统：光线由小反光镜经毛玻璃照亮刻度盘，经转向棱镜 11 及物镜 10 将刻度成像于分划板 9 上，再经目镜 7′、8′放大成像后为观察者所观察。

2WAJ 型阿贝折射仪的光学系统由望远系统和读数系统两部分组成，如图 4-2-5 所示。

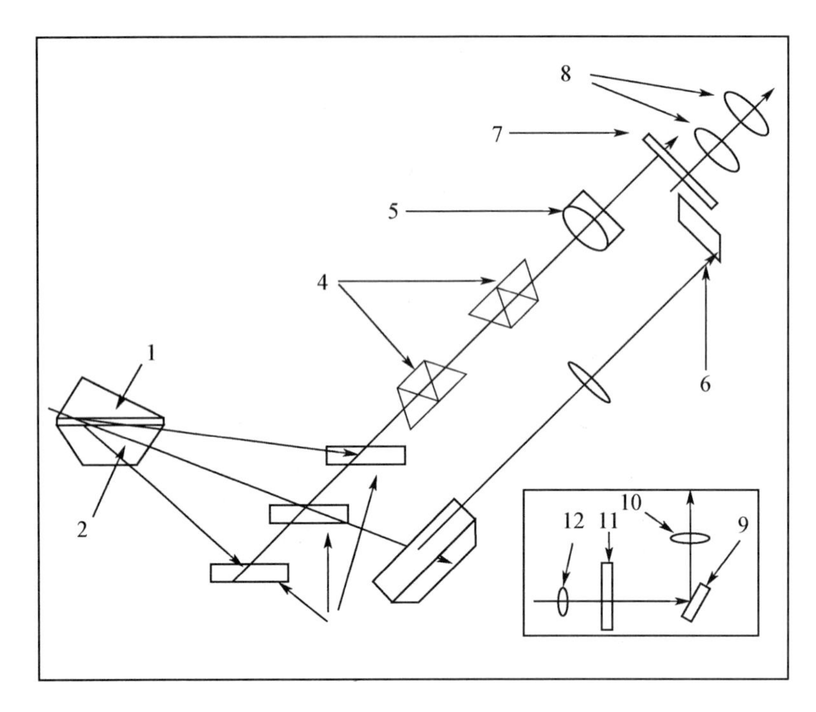

图 4-2-5 阿贝折射仪光学结构示意图

望远系统：光线进入进光棱镜 1 与折射棱镜 2 之间有一微小均匀的间隙，被测液体就放在此空隙内。当光线射入进光棱镜 1 时便在磨砂面上产生漫反射，使被测液层内有各种不同角度的入射光，经折射棱镜 2 产生一束折射角均大于出射角度 i 的光线。由摆动反射镜 3 将此束光线射入消色散棱镜组 4，此消色散棱镜组是由一对等色散阿米西棱镜组成，其作用是可获得一可变色散来抵消由于折射棱镜对不同被测物体所产生的色散。再由望远镜 5 将此明暗分界线成像于分划板 7 上，分划板上有十字分划线，通过目镜 8 能看到如图 4-2-6 上部分所示的像。

读数系统：光线经聚光镜 12 照明刻度板 11(刻度板与摆动反射镜 3 连成一体同时绕刻度中心作回转运动)。通过反射镜 10，读数物镜 9，平行棱镜 6 将刻度板上不同部位折射率示值成像于分划板 7 上，如图 4-2-6 下部分的像。

读数显微镜是实验室必备常用光学仪器之一，其用途十分广泛。实验中，读数显微镜常用来测量微小距离或微小距离变化。实验室用读数显微镜一般为 JCD3 型，其基本结

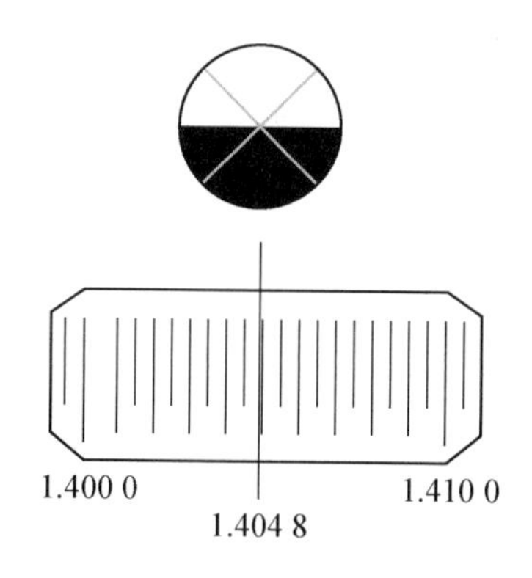

图 4-2-6 阿贝折射仪目镜视场

构主要由光学部分和机械部分组成，如图 4-2-7 所示。

光学部分实际上是一个长焦距显微镜，由图 4-2-7 中 1～5 及 12～19 组成，其余是机械部分。机械部分装在一个由丝杆带动的滑动台上，转动测微鼓轮 6，能使显微镜左右移动。滑动台上有读数标尺 5 和测微鼓轮 6（螺旋测微标尺），标尺量程为 50 mm，分度值为 1 mm，读数鼓轮圆周等分为 100 格，鼓轮转动一周，主尺就移动一格，即 1 mm，所以鼓轮上每一格的值为 0.01 mm。其读数与螺旋测微器相似。为了避免回程误差，测量时应单方向旋转测微鼓轮，切勿回旋。

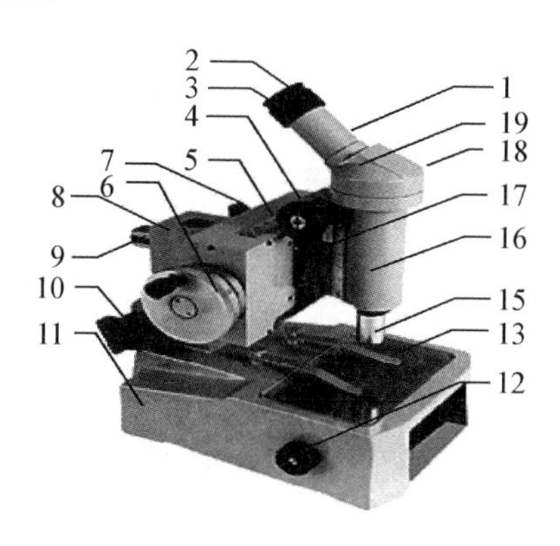

图 4-2-7 读数显微镜

1—目镜镜筒；2—目镜；3—锁紧螺钉Ⅰ；4—调焦手轮；5—标尺；6—测微鼓轮；
7—锁紧手轮Ⅰ；8—接头轴；9—方轴；10—锁紧手轮Ⅱ；11—底座；12—反光镜旋轮；13—压片；
14—半反镜组；15—物镜；16—镜筒；17—刻尺；18—锁紧螺钉Ⅱ；19—棱镜室

目镜 2 可用锁紧螺钉 3 固定于任一位置，棱镜室 19 可在 360°方向上旋转，物镜 15 用螺钉扣拧入镜筒内，镜筒 16 用调焦手轮 4 完成调焦。转动测微鼓轮 6，显微镜沿燕尾导轨作纵向移动，利用锁紧手轮Ⅰ7，将方轴 9 固定于接头轴十字孔中。接头轴 8 可在底座 11 中旋转、升降，用锁紧手轮Ⅱ10 紧固。根据使用要求不同方轴可插入接头轴另一个十字孔中，使镜筒处水平位置。压片 13 用来固定被测件。旋转反光镜旋轮 12 调节反光镜方位。

【实验原理】

1. 用掠入射法测定液体折射率

将折射率为 n 的待测物质放在已知折射率为 $n_1(n<n_1)$ 的直角棱镜的折射面 AB 上，如图 4-2-8 所示。若以单色的扩展光源照射分界面 AB，则入射角为 $\pi/2$ 的光线 1 将掠射到 AB 界面而折射进入三棱镜内，则其折射角 i_c 应为临界角，其满足关系：$\sin i_c = n/n_1$。

当光线 1 射到 AC 面，再经折射而进入空气时，设在 AC 面上的入射角为 φ，折射角为 φ，则有

$$\sin \varphi = n_1 \sin \varphi \tag{4-2-1}$$

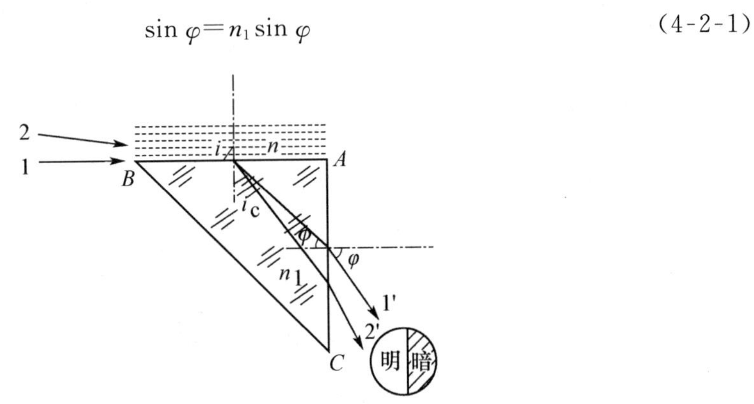

图 4-2-8　折射光路图

除入射光线 1 外，其他光线如光线 2 在 AB 面上的入射角均小于 $\pi/2$，因此，经三棱镜折射最后进入空气时，都在光线 1的左侧。当用望远镜对准出射光方向观察时，在视场中将看到以光线 1为分界线的明暗半荫视场，如图 4-2-8 所示。

当三棱镜棱镜角 A 大于角 i_c 时，由图 4-2-7 可以看出，A、i_c 和角 φ 有关系

$$A = i_c + \varphi \tag{4-2-2}$$

将式(4-2-1)和式(4-2-2)消去 i_c 和 φ。若棱镜角 A 等于 90°，可得

$$n = \sqrt{n_1^2 - \sin^2 \varphi} \tag{4-2-3}$$

若棱镜角 A 不等于 90°，可得

$$n=\sin A\sqrt{n_1^2-\sin^2\varphi}-\cos A\cdot\sin\varphi \tag{4-2-4}$$

因此，当直角棱镜折射率 n_1 为已知时，测出 φ 角后便可计算出待物质的折射率 n。上述测定折射率的方法称为掠入射法，是应用全反射原理。

2. 用阿贝折射仪测定透明介质的折射率

阿贝折射仪也是根据全反射原理设计的。它有两种工作方式，即透射式和反射式。阿贝折射仪中的折射棱镜 ABC 和照明棱镜 $A'B'C'$ 都是直角棱镜，由重火石玻璃制成，照明棱镜的 $A'B'$ 面经过磨砂，供透射式测量作漫射光源用。折射棱镜的 BC 面也经过磨砂，供反射式测量作漫反射光源用。

透射式测量光路如图 4-2-9(a)所示，将折射率为 n 的待测物质放在折射率为 n_1 的直角棱镜的斜面上，其棱角为 A，并用光源 S 照明。如果介质的折射率 $n<n_1$，这时与图 4-2-8相同，经棱镜 ABC 两次折射后，由 AC 面射出的光束，在望远镜视场中将观察到半荫视场，明暗分界线就对应于掠面入射光束，测出 AC 面上相应的临界出射角 φ，即可应用式(4-2-4)计算出 n。

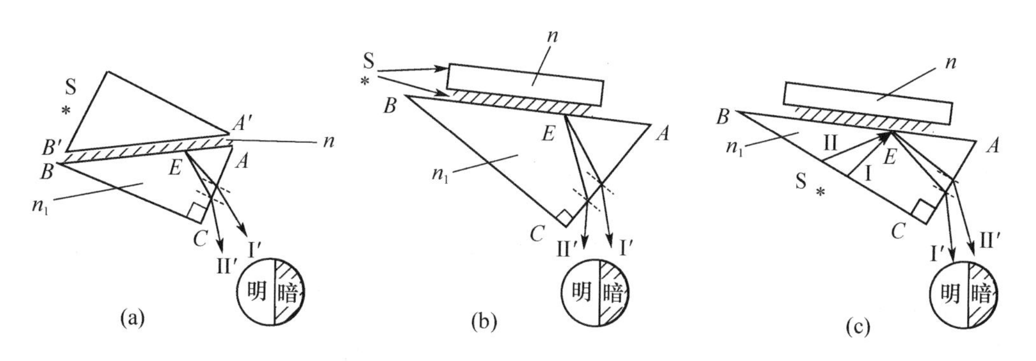

图 4-2-9　固体折射率测定光路图

应用阿贝折射仪测定固体折射率时不用照明棱镜。对于加工有两个抛光面的固体样品，则光路可采用图 4-2-9(b)所示的透射式测量；对于加工只有一个抛光面的固体样品，则可采用图 4-2-9(c)所示的反射式测量。

用光源 S(一般为自然光)照亮折射棱镜上的磨砂面 BC，使之成为一个扩展的平面光源，从面上各点发出的光线Ⅰ、Ⅱ射抵 AB 面上的 E 点时，入射角均不相同。其中入射角大于临界角 i_c 的，都发生在全反射后再由 AC 面射出，同样，在望远镜对准Ⅰ′观察时，也可看到半荫视场，只是明暗分布恰与透射光的视场分布相反，其临界出射角 φ 为最大，而且视场中明暗的对比也不如透射光明显，这是由于照射在 AB 面上那些小于临界角的光线，也会在 AB 面上产生部分的反射。测出 AC 面上的临界出射角 φ，按式(4-2-4)计算待测固体的折射率。

测定时，将待测样品的抛光面与折射棱镜 AB 面紧密地叠合在一起，中间添加一层接触液，形成均匀的液膜，其折射率应大于样品的折射率(如 α-溴代萘，$n_D=1.66$)，当折射率大于 1.66 时，可用二碘甲烷($n_D=1.74$)进行测量，可以证明接触液的加入，并不影响计算公式的适用性。

3. 像的视高法测固体折射率

若透过玻璃板垂直观察玻璃板下面的物体，所看到的并不是该物体的实际位置，而是物体折射光线在反向延长线上所成的虚像的位置，该虚像的位置总比物的位置高，这就是像的视高。如图 4-2-10 所示，AA′为两种介质的分界面，上下两种介质的折射率分别为 n_1 和 n_2，且 $n_1<n_2$。设有一物点 P，以入射角 i 入射于界面上的 Q 点，经折射后沿 QT 方向进入上方介质，折射角为 γ。沿折射光线 QT 反方向延长，则和法线 PN 相较于 P'点，P'即为 P 的像。

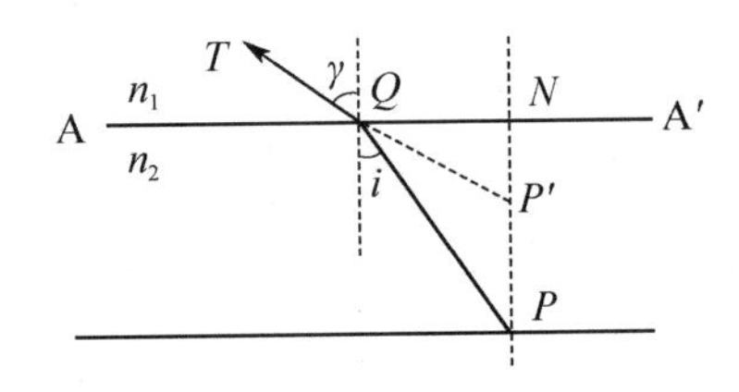

图 4-2-10 像的视高法原理图

在 ΔPNQ 和 $\Delta P'NQ$ 中，有

$$NQ=NP\cdot\tan i\quad NQ=NP'\cdot\tan\gamma \tag{4-2-5}$$

近轴情况下，即入射角 i 很小时，有

$$\tan i=\sin i\quad \tan\gamma=\sin\gamma \tag{4-2-6}$$

联立式(4-2-5)和式(4-2-6)可得

$$NP'=NP\cdot\sin i/\sin\gamma \tag{4-2-7}$$

根据折射定律有

$$\sin i/\sin\gamma=n_1/n_2 \tag{4-2-8}$$

因此

$$NP'/NP=n_1/n_2 \tag{4-2-9}$$

透过玻璃板垂直观察物点 P，此时入射角 i 很小，甚至为零，若上方介质为空气（折射率 $n_1=1$），则式(4-2-9)可写为

$$n_2=NP/NP' \tag{4-2-10}$$

若待测透明介质为平行平面玻璃板，则由式(4-2-10)可知，只要测出平行玻璃板的厚度 NP 及像到界面的距离 NP，即可求出玻璃板的折射率。

【实验内容】

1. 用阿贝折射仪测定液体的折射率

(1) 校准：用阿贝折射仪测定液体折射率时，应用蒸馏水对仪器进行校准。方法是在棱镜的磨砂面上滴上蒸馏水，旋紧棱镜锁紧手柄，测出液体的温度，根据温度查表，看此温度下蒸馏水的折射率的值 n_0。调节反光镜 1 和 12(WZS-1 型为 1 和 19)，使目镜视场明亮，如图 4-2-11(a)所示；调节色散调节手轮 6，直到出现明显的分界线为止，如图 4-2-11(b)所示（亮暗分界线也可能位于叉丝中点的下方）；转动折射率刻度调节手轮 15，使读数镜筒的刻度值为 n_0，然后观察视场中叉丝的交点是否在明暗分界线上，若没有对准，则调节仪器上的校正螺钉 16，使视场中叉丝中心对准明暗分界线。即完成校准。

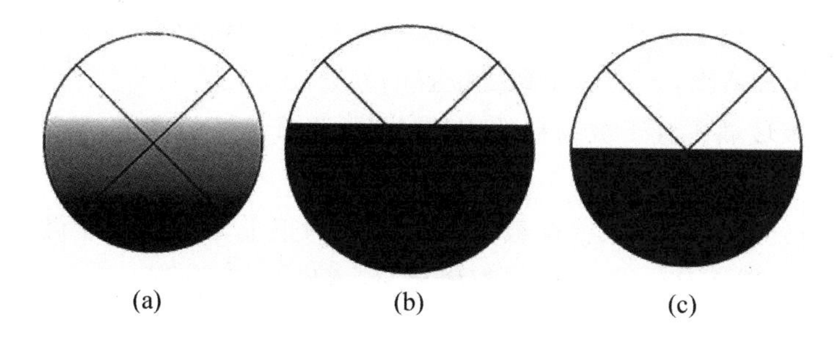

图 4-2-11　目镜视场

(2) 转动棱镜锁紧手柄 12，打开棱镜，用脱脂棉蘸一些无水酒精将棱镜面轻轻擦干净。在照明棱镜的磨砂面上滴上一两滴待测液体，旋紧棱镜锁紧手柄，使液膜均匀，无气泡，并充满视场。

(3) 调节两反光镜 1 和 12(WZS-1 型为 1 和 19)，使目镜视场明亮。

(4) 旋转手轮 15 使棱镜组 13 转动，在望远镜中观察明暗分界线上下移动，同时调节色散调节手轮 6，直到视场中除黑白两色外无其他颜色，且亮暗分界线在十字叉丝中心时，如图 4-2-11(c)所示。视场中所指示的刻度值，即为待测液体的折射率 n 的数值。如图 4-2-12 所示，(a)为 WZS-1 型阿贝折射仪目镜视场，读数为 $n=1.3301$；(b)为 2WAJ 型阿贝折射仪目镜视场，读数为 1.404 9。

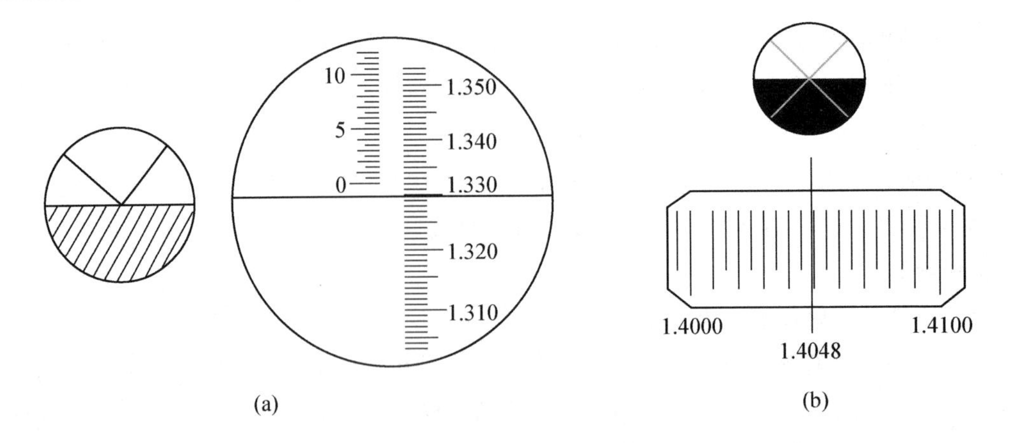

图 4-2-12 阿贝折射仪读数系统示意图

（5）以同样的方法，重复上述步骤 3～5 次，算出折射率的平均值并计算标准差，并分析产生误差的原因。

2. 用视高法测定固体折射率

（1）打开照明灯，调节反光镜，使目镜中获得较明亮的视野，并对目镜进行调焦。

（2）在读数显微镜的载物台上描一个点 P，未放玻璃样品时，调节读数显微镜镜筒的高低，使 P 点的像最清晰，记录镜筒高度位置的读数 h_1。

（3）将平行板玻璃砖置于载物台的 P 点上，再调节镜筒的高低，找出 P 点清晰的像，记录镜筒的位置的读数 h_2。

（4）在玻璃砖上方描一个点（在载物台上的点的正上方），读数显微镜能看清像时镜筒高度的读数 h_3。则 $NP=|h_3-h_1|$，$NP'=|h_3-h_2|$，带入式（4-2-10）即可求得玻璃砖的折射率。

（5）测 3～5 组，求平均值，计算标准差。

【实验数据】

1. 像视高法测平行板玻璃折射率（见表 4-2-1）

表 4-2-1 像视高法测平行板玻璃折射率

次序	1	2	3	4	5	平均
h_1/mm						
h_2/mm						
h_3/mm						
n_2						

结果：$n=$ ±

2. 用阿贝折射仪测酒精折射率(见表 4-2-2)

表 4-2-2　用阿贝折射仪测酒精折射率

实验温度：________℃　　蒸馏水的折射率：________(查表)

次序	1	2	3	4	5	平均
n						

结果：$n=$ ±

【注意事项】

(1) 测量工作开始前，注意做好棱镜的清洁工作，以免在工作面上残留其他物质而影响测量精度。

(2) 必须对阿贝折射仪进行读数校正。

(3) 任何物质的折射率都与测量时使用的光波波长和温度有关，本仪器在消除色散的情况下测得的折射率，其对应光波的波长 $\lambda=589.3$ nm；如需要测量不同温度时的折射率，可将阿贝折射仪与恒温、测温装置连用，待棱镜组和待测物质达到所需温度后，方能进行测量。一般均在室温下进行。

(4) 像的视高法测玻璃板折射率时，要使像点尽量在目镜视野的中央，这时入射角很小，满足近似条件，方可用式(4-2-10)计算折射率。

实验三　分光计调节及棱镜折射率的测定

光线在传播过程中，遇到不同介质的分界面时，会发生反射和折射，光线将改变传播的方向，使得折射光与入射光、反射光与入射光之间有一定的夹角。通过对这些角度的测量，可以测定介质折射率、光栅常数、光波波长、色散率等许多物理量。因而精确测量这些角度，在光学实验中显得十分重要。

分光计是一种能精确测定角度的典型的光学仪器，经常用来测量材料的折射率、色散率、光波波长和进行光谱观测等。该装置比较精密，控制部件较多而且操作复杂，所以使用时必须严格按照一定的规则和程序进行调整，方能获得较高精度的测量结果。分光计的调整思想、方法与技巧，在光学仪器中有一定的代表性，学会对它的调节和使用方法，有助于掌握操作更为复杂的光学仪器。

【实验目的】

（1）了解分光计的结构，掌握调节使用分光计的方法。

（2）掌握测定棱镜顶角的方法。

（3）用最小偏向角法测定棱镜材料的折射率。

【实验仪器】 JJY-1′型分光计、双面反射镜、钠灯、三棱镜。

钠灯分为高压钠灯和低压钠灯。低压钠灯可发出两条极强的黄色谱线，两条谱线的波长差为0.6 nm，平均波长为589.3 nm。钠灯单色性较强，实验室常将钠灯作为普通单色光源。高压钠灯还会发出其他颜色的谱线，因其发光率高而广泛应用于路灯。钠灯在使用前要预热5～10 min，断电后需冷却5～10 min，因此钠灯在使用过程中，不要随意开关。

分光计主要由底座、平行光管、望远镜、载物台和读数圆盘五部分组成。外形如图4-3-1所示。

（1）底座——中心有一竖轴，望远镜和读数圆盘可绕该轴转动，该轴也称为仪器的公共轴或主轴。

（2）平行光管——是产生平行光的装置，又称自准直管。管的一端装有消色差的复合正棱镜，另一端是带有狭缝装置的圆筒套管，狭缝宽度及方向均可以根据需要进行调节。

（3）望远镜——是用来观察和测量光线行进方向的。图4-3-2为阿贝目镜式望远镜的结构及目镜中的视场。物镜为消色差的复合正透镜，目镜由两片凸透镜共同组成，它装在镜筒一端的套筒中。为了调节和测量，物镜和目镜之间还装有刻有“双十字”的分划板

(透明玻璃板),在分划板下方紧贴一块45°全反射小棱镜,棱镜与分划板的粘贴部分涂成黑色,在与分划板的上叉丝对称的位置留一个绿色的小十字窗口。光线从小棱镜的另一直角边入射,从45°反射面反射到分划板上,透光部分便形成一个在分划板上的明亮的"十字"。目镜、物镜、分划板分别置于内管、外管和中管内,三个管彼此可以相互移动,可以用螺钉固定。

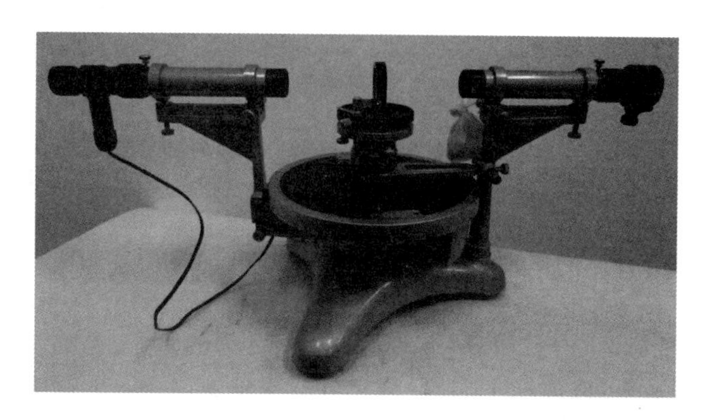

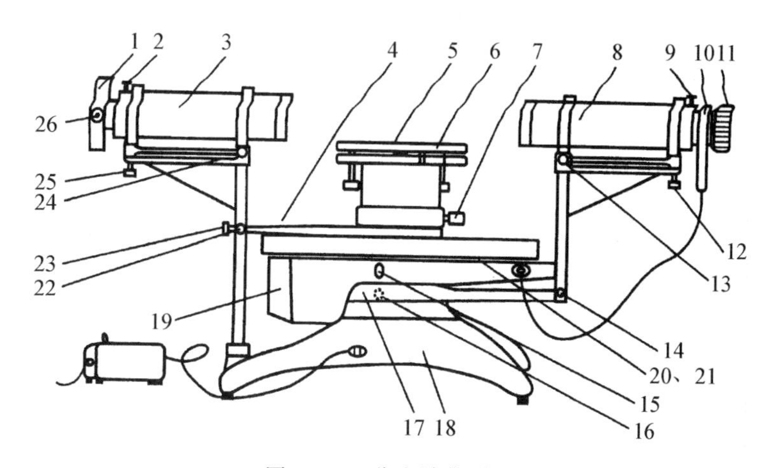

图 4-3-1　分光计外形图

1—狭缝装置;2—狭缝装置锁紧螺钉;3—平行光管;4—制动架;5—载物台;
6—载物台调节螺钉;7—载物台锁紧螺钉;8—望远镜;9—目镜锁紧螺钉;10—阿贝式自准直目镜;
11—目镜调焦手轮;12—望远镜仰角调节螺钉;13—望远镜水平调节螺钉;14—望远镜微调螺钉;
15—转座与刻度盘止动螺钉;16—望远镜止动螺钉;17—制动架;18—底座;
19—转座;20—刻度盘;21—游标盘;22—游标盘微调螺钉;23—游标盘止动螺钉;
24—平行光管水平调节螺钉;25—平行光管仰角调节螺钉;26—狭缝宽度调节手轮

望远镜整个镜筒的倾斜度可通过望远镜仰角调节螺钉12来调节;转动望远镜支架,可使望远镜绕仪器转轴旋转;旋紧转座与刻度盘止动螺钉15,可使望远镜与刻度盘一起

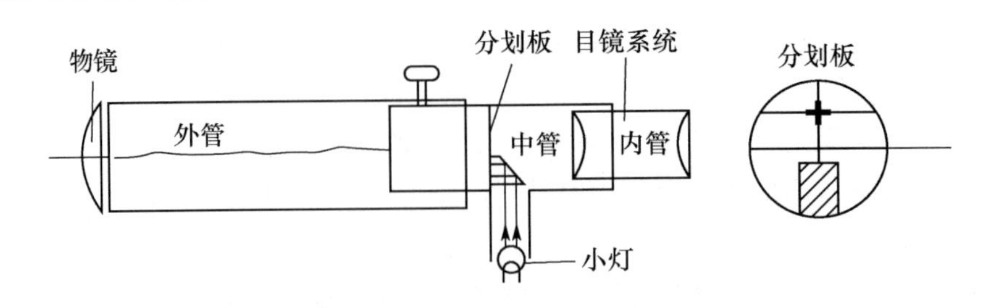

图 4-3-2　阿贝目镜式望远镜

转动，测量时一定要旋紧，否则会给测量带来较大的误差；旋紧望远镜止动螺钉 16，可使望远镜固定在转盘的任意位置，此时可通过微调螺钉 14，使望远镜在小范围内转动。

(4) 载物台——放平面镜、棱镜等光学元件用。平台能绕仪器中心轴旋转和升降，台面下 3 个螺钉可调节台面的倾斜度。

(5) 读数圆盘——由内盘和外盘组成。外盘为刻度盘，刻有 0°～360°，它的最小分度值为 0.5°；内盘为游标盘，盘上相隔 180°处有两个对称的角游标，这是因为读数时，要读出两个游标处的读数值，然后取平均值，这样可消除刻度盘和游标盘的圆心与仪器主轴的轴心不重合所引起的偏心误差。

读数方法与游标卡尺相似，这里读出的是角度。读数时，以角游标零线为准，读出刻度盘上的度数，再找游标上与刻度盘上刚好重合的刻线，就是角度的分数。如果游标零线落在半度刻线之外，则读数应加上 30′。如图 4-3-3 所示。

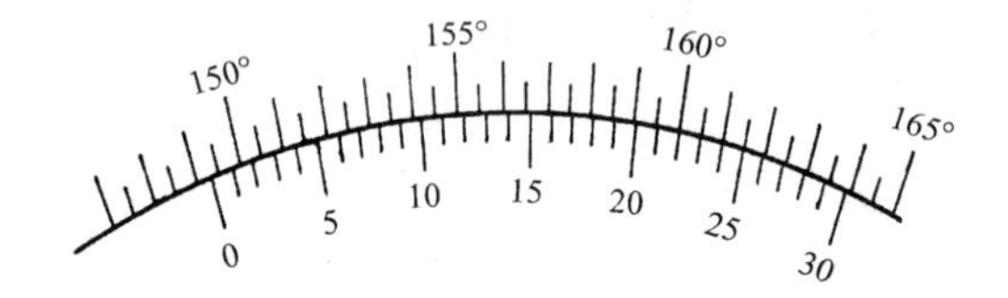

游标尺上22与刻度盘上的刻度重合，故读数为149°22′

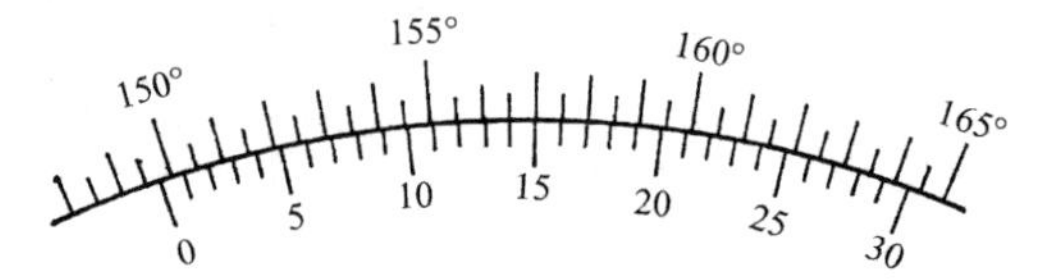

游标尺上14与刻度盘上的刻度重合，但零线过了刻度的半度线，故读数为149°44′

图 4-3-3　游标盘读数方法

【实验原理】

三棱镜是一种常见的光学元件，如图 4-3-4 所示，AB 和 AC 是透光的光学表面，又称折射面，其夹角 A 称为三棱镜的顶角；BC 为毛玻璃面，称为三棱镜的底面。实验室通常采用自准法或棱脊分束法测棱镜的顶角，常用最小偏向角法测三棱镜玻璃的折射率。

1. 三棱镜顶角测定原理

三棱镜顶角测量的方法有自准法和棱脊分束法两种。

1) 自准法测三棱镜的顶角

自准法光路如图 4-3-4 所示，不需要使用平行光，测出三棱镜两个光学面的法线之间

的夹角 φ，即可求得顶角 $A=180°-\varphi$。

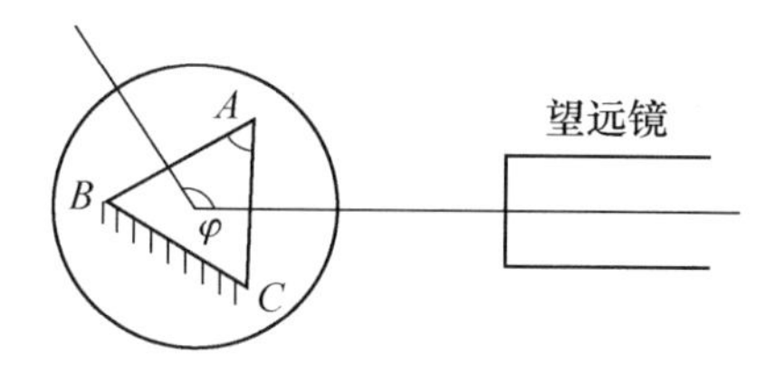

图 4-3-4 用自准法测棱镜顶角

2）棱脊分束法测三棱镜的顶角

棱脊分束法光路如图 4-3-5 所示。一束平行光被三棱镜的两个光学面反射后，只要测出两束反射光之间的夹角 φ，即可求得顶角 $\varphi/2$。

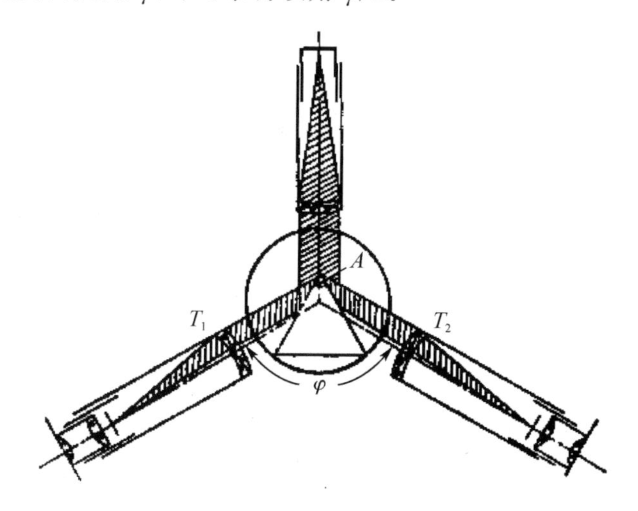

图 4-3-5 用棱脊分束法测棱镜的顶角

2. 最小偏向角法测三棱镜玻璃的折射率

一束单色平行光 LF 入射到棱镜上，经过两次折射后沿 ER 方向射出，则入射光线 LF 与出射光线 ER 间的夹角 θ 称为偏向角，如图 4-3-6 所示。

转动三棱镜，改变入射角 i_1，出射光线的方向会随之改变，即偏向角 θ 会发生变化。沿偏向角减小的方向继续缓慢转动三棱镜，使偏向角逐渐减小；当转到某个位置时，若再继续沿此方向转动三棱镜，则偏向角将逐渐增大，此时偏向角达到最小值，测出最小偏向角 θ_0。可以证明棱镜材料的折射率 n 与顶角 A 及最小偏向角的关系式为

$$n=\frac{\sin\frac{1}{2}(\theta_0+A)}{\sin\frac{A}{2}} \tag{4-3-1}$$

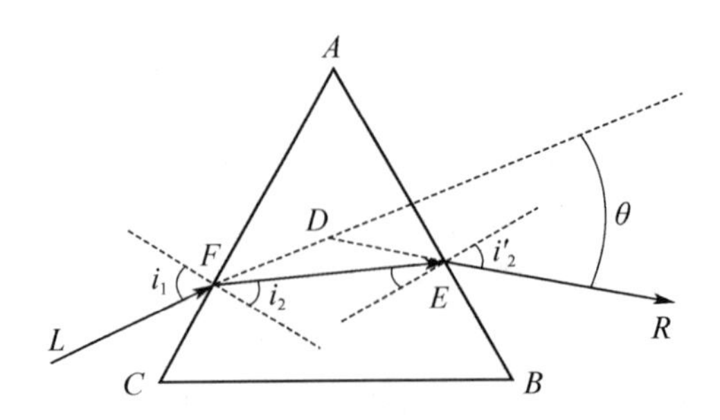

图 4-3-6 单色光经三棱镜折射光路示意图

实验中,已知棱镜的顶角 A(也可用自准法或棱脊分束法测顶角),测出最小偏向角 θ_0,即可由上式算出棱镜材料的折射率 n。

【实验内容】

1. 分光计的调整

分光计的调整,最后要达到下列要求:望远镜聚焦无穷远(接收平行光),使分划板位于目镜和物镜的焦平面上;使望远镜的光轴垂直于仪器的中心轴;平行光管发出平行光,其光轴垂直仪器中心轴,并使平行光管的狭缝位于物镜的焦平面上,且其光轴与望远镜光轴共线。

调节的过程是:目测粗调→望远镜部分调节→平行光管部分调节,具体调节过程如下。

1) 目测粗调

目测粗调,即调节载物台下面的 3 个螺钉,使载物台大致与仪器主轴垂直(调至水平状态);调节望远镜和平行光管的仰角调节螺钉,使二者的光轴共线且与仪器主轴垂直。

2) 望远镜调焦

望远镜调焦分为目镜调焦和物镜调焦两步。望远镜是用来观察平行光管经光学元件折射或衍射后的光线的,因此,望远镜的调焦要求是使其聚焦无穷远,并无视差。视差会给测量带来较大的误差,必须消除。在后面附录中,我们给出了详细介绍。

(1) 调节目镜调焦手轮,直到能清楚地看到分划板“准线”。

(2) 打开照明小灯的开关,可在目镜视场中看到如图 4-3-7 所示的“准线”和带有绿色小十字的窗口。

(3) 将双面反射镜按图 4-3-8 所示方位放置在载物台上。这样放置的目的是:若要调节平面镜的俯仰,只需要调节载物台下的螺钉 a_1 或 a_2 即可,因为螺钉 a_3 的调节与平面镜的俯仰无关。

(4) 物镜调焦:转动载物台,望远镜发出的十字叉丝光经过物镜,再经平面镜反射,由物镜再次聚焦,在分划板上形成十字叉丝的像。具体地,首先调节目镜调焦手轮,即调节

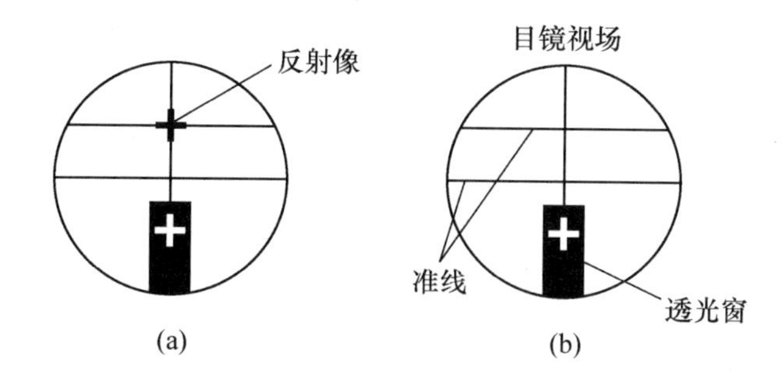

图 4-3-7　目镜视场

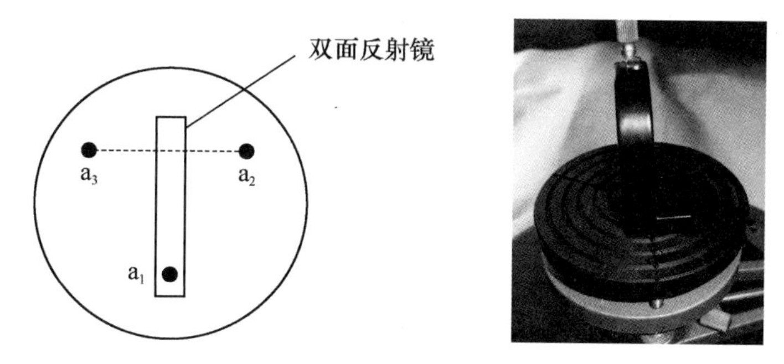

图 4-3-8　双面反射镜的放置

分划板与目镜的距离使从目镜中能看清准线，然后目镜锁紧螺钉，前后移动目镜镜筒，直至看到清晰的十字反射像，并注意使准线与亮十字的反射像在同一平面，无视差，此时望远镜已聚焦于无穷远。

3）调整望远镜光轴与分光计的中心轴垂直

平行光管与望远镜的光轴各代表入射光和出射光的方向。为了测准角度，必须分别使它们的光轴与刻度盘平行。刻度盘在制造时已垂直于分光计的中心轴。因此，当望远镜与分光计的中心轴垂直时，就达到了与刻度盘平行的要求。

具体调整方法为：平面镜仍竖直置于载物台上，使望远镜分别对准平面镜前后两镜面，利用自准法可以分别观察到两个亮十字的反射像。如果望远镜的光轴与分光计的中心轴相垂直，而且平面镜反射面又与中心轴平行，则转动载物台时，从望远镜中可以两次观察到由平面镜前后两个面反射回来的亮十字像与分划板准线的上部十字线完全重合，如图 4-3-9(c)所示。若望远镜光轴与分光计中心轴不垂直，平面镜反射面也不与中心轴相平行，则转动载物台时，从望远镜中观察到的两个亮十字反射像必然不会同时与分划板准线的上叉丝重合。若至多看到一面有反射像，要重新粗调，直到平面镜正反两面都有十字叉丝的反射像，才能进行下一步调节。

通常从望远镜中会看到十字叉丝像与上叉丝不重合，在竖直方向相差一段距离 h，如

图 4-3-9 (a)所示;此时调整望远镜高低倾斜螺钉使差距减小为 $h/2$,如图 4-3-9 (b)所示;再调节载物台下的水平调节螺钉,消除另一半距离,使准线的上部十字线与亮十字线重合,如图 4-3-9 (c)所示。之后将载物台旋转 180°,使望远镜对着平面镜的另一面,采用同样的方法调节。如此反复调整,直至转动载物台时,从平面镜前后两表面反射回来的亮十字像都能与分划板准线的上部十字线重合为止,这种方法称为逐次逼近各半调整法。这时望远镜光轴和分光计中心轴相垂直。

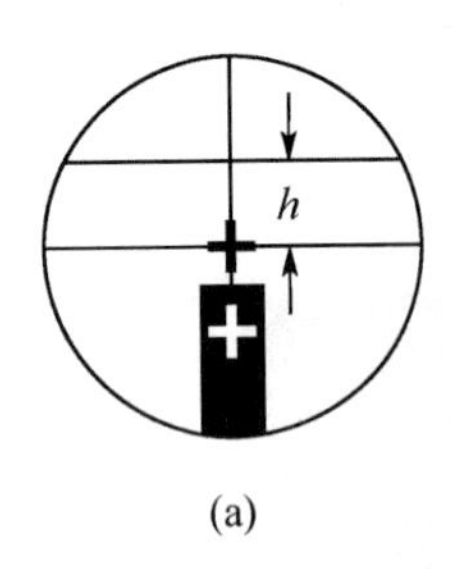

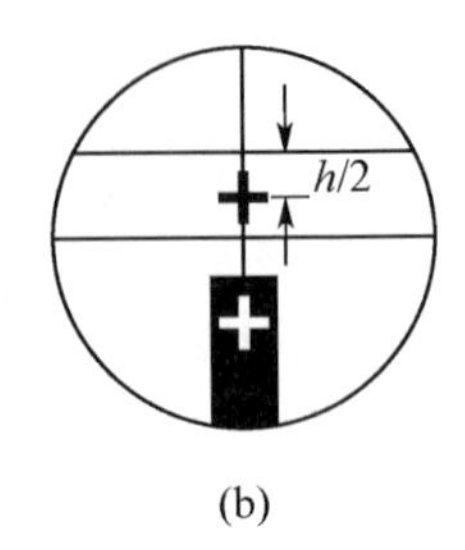

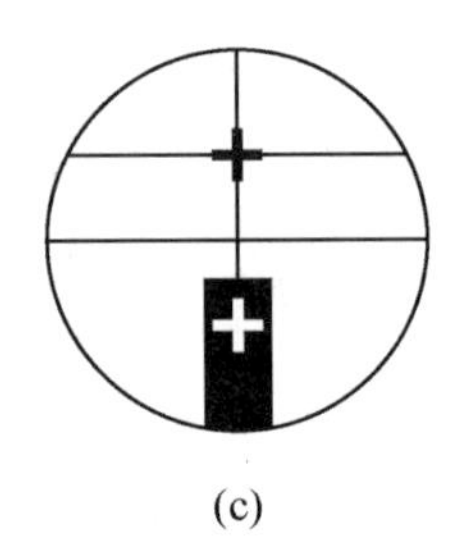

图 4-3-9 亮十字像与分划板准线的位置关系

4) 调整平行光管

利用前面已经调整好的望远镜调节平行光管。当平行光管射出平行光时,则狭缝成像于望远镜物镜的焦平面上,在望远镜中就能清楚地看到狭缝的像,并与准线无视差。

(1) 调整平行光管产生平行光。取下载物台上的平面镜,关掉望远镜中的照明小灯,用钠灯照亮狭缝,从望远镜中观察来自平行光管的狭缝像,同时调节平行光管狭缝与透镜间的距离,直至能在望远镜中看到清晰的狭缝像为止,然后调节缝宽使望远镜视场中出现一条连续的细锐的亮线。

(2) 调节平行光管的光轴与分光计中心轴相垂直。望远镜中看到清晰的狭缝像后,旋转狭缝(不能前后移动)至水平状态,调节平行光管倾斜螺钉,使亮线与分划板的下叉丝重合,如图 4-3-10(a)所示。这时平行光管的光轴已与分光计中心轴相垂直。再把狭缝转至铅直位置,并需保持狭缝像最清晰而且无视差,位置如图 4-3-10(b)所示。锁定狭缝装置。

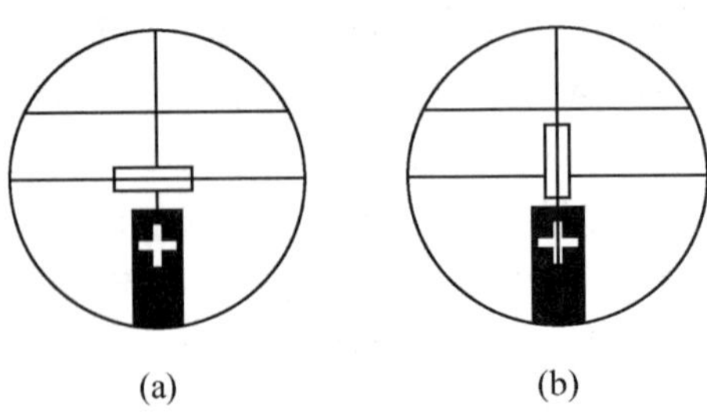

图 4-3-10 狭缝像与分划板位置

测量前将游标盘移离制动架，便于读数，至此分光计已全部调整好。使用时必须注意分光计上除刻度圆盘制动螺钉及其微调螺钉外，其他螺钉不能任意转动，否则将破坏分光计的工作条件，需要重新调节。

2. 棱镜顶角的测定(选做)

1）自准法

分光计调好后，将三棱镜按图 4-3-11 所示置于载物台上，转动游标盘，使三棱镜的一个光学平面正对望远镜，此时可在望远镜中看到“十”字叉丝像(由于反射率较低，像比较暗，要仔细观察)。微调载物台下的螺钉(注意：不能调节望远镜的俯仰)，使十字叉丝反射像与分划板的上叉丝重合。转动游标盘，使三棱镜的另一光学平面正对望远镜，微调载物台下的螺钉，使十字叉丝反射像与分划板的上叉丝重合，反复调节，直至三棱镜两个光学平面反射回来的十字叉丝像均与分划板的上叉丝重合。此时三棱镜光学面的法线与望远镜光轴平行，入射面与游标盘平行。

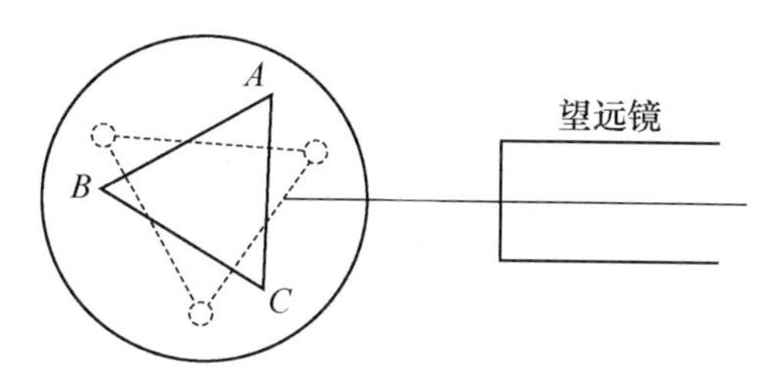

图 4-3-11　三棱镜在载物台上的放置方法

对两游标作一适当标记，分别称游标 1 和游标 2，切记勿颠倒。旋紧度盘下螺钉 15 和 16，望远镜和刻度盘固定不动。转动游标盘，使棱镜 AB 面正对望远镜，记下游标 1 的读数 θ_1 和游标 2 的读数 θ_2。再转动游标盘，再使 AC 面正对望远镜，记下游标 1 的读数θ_1' 和游标 2 的读数 θ_2'。同一游标两次读数之差 $|\theta_1-\theta_1'|$ 或 $|\theta_2-\theta_2'|$，即是载物台转过的角度 Φ，即棱镜的顶角为

$$A=180^\circ-\frac{1}{2}[\,|\theta_1-\theta_1'|+|\theta_2-\theta_2'|\,] \tag{4-3-2}$$

2）棱脊分束法

将三棱镜按图 4-3-5 所示置于载物台上，使三棱镜的顶角正对平行光管，并接近载物台的中心位置。调节载物台下的螺钉，使入射平面与分光计主轴垂直。锁紧止动螺钉 23，固定载物台，并锁紧止动螺钉 15，使望远镜与刻度盘一起转动。缓慢转动望远镜，用望远镜寻找经过棱镜两反射面反射回来的狭缝像，使狭缝像与分划板中心竖线重合。记录望远镜所处位置左右游标的读数 α_1、β_1，转动望远镜至三棱镜的另一光学表面，记录狭缝像与望远镜分划板中心竖线重合时，左右游标的读数 α_2、β_2，同一游标两次读数之差即为 φ，则三棱镜顶角为

$$A=\frac{1}{2}\varphi=\frac{1}{4}(|\alpha_1-\alpha_2|+|\beta_1-\beta_2|) \tag{4-3-3}$$

重复测量 3 次，求出顶角 A。

3. 棱镜玻璃折射率的测定

将三棱镜置于载物台上，分别放松游标盘和望远镜的止动螺钉，锁紧转座与刻度盘止动螺钉 15，使望远镜与外盘一起转动。转动游标盘（连同三棱镜）使平行光射入三棱镜的 AC 面，如图 4-3-12 所示。转动望远镜，在折射光线所在的 AB 面寻找狭缝的像。找到狭缝像后，向一个方向缓慢地转动游标盘（连同三棱镜），通过望远镜跟踪观察狭缝像的移动情况，找到随着游标盘转动而狭缝的像却开始向相反方向移动的"临界"位置，锁紧游标盘止动螺钉 23，轻轻地转动望远镜，使分划板上竖直线与狭缝像对准，记下左右游标指示的读数 α_1、β_1，然后取下三棱镜，转动望远镜使它直接对准平行光管，并使分划板上竖直线与狭缝像重合，记下左右游标的读数 α_2、β_2，可得

$$\theta_0=\frac{1}{2}(|\alpha_2-\alpha_1|+|\beta_2-\beta_1|) \tag{4-3-4}$$

重复测量 3～6 次，求出棱镜的折射率，计算标准不确定度。

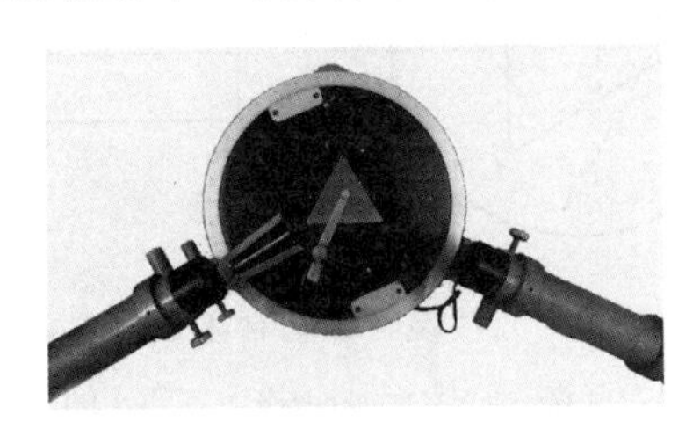

图 4-3-12　最小偏向角的测定

【实验数据】

1. 反射法测棱镜顶角(见表 4-3-1)

表 4-3-1　反射法测棱镜顶角

次数＼光线方向	棱镜 AB 面反射方向		棱镜 AC 面反射方向	
	θ_1	θ_2	θ_1'	θ_2'
1	° ′	° ′	° ′	° ′
2	° ′	° ′	° ′	° ′
3	° ′	° ′	° ′	° ′
4	° ′	° ′	° ′	° ′
5	° ′	° ′	° ′	° ′

2. 最小偏向角的测量(见表 4-3-2)

表 4-3-2 最小偏向角的测量

次数 \ 光线方向	棱镜最小偏向出射光方向		入射光的方向	
	α_1	β_1	α_2	β_2
1	° ′	° ′	° ′	° ′
2	° ′	° ′	° ′	° ′
3	° ′	° ′	° ′	° ′
4	° ′	° ′	° ′	° ′
5	° ′	° ′	° ′	° ′

【注意事项】

(1) 光学镜面不能用手摸、揩。如发现有尘埃时,应该用镜头纸轻轻揩擦。三棱镜、平面镜不准磕碰或跌落,以免损坏。不应在止动螺钉锁紧时强行转动望远镜,也不要随意过度拧动狭缝。

(2) 调节过程中,所有止动螺钉应该处于松弛状态,在测量数据前务必检查分光计的几个止动螺钉是否按要求锁紧或打开,否则,测得的数据会不可靠。锁紧螺钉锁住即可,不可用力过大,以免损坏器件。

(3) 测量中应正确使用望远镜的微调螺钉,以便提高工作效率和测量准确度。

(4) 在游标读数过程中,由于望远镜可能位于任何方位,故应注意望远镜转动过程中是否过了刻度的零点。

(5) 在读数装置上读数时,内刻度盘的游标不能位于载物台连接杆的下方,否则无法读出载物台位置的角度读数。

【历史渊源与应用前景】

公元二世纪,希腊人托勒密(90—168 年)通过实验研究了光的折射现象。

实验设计:在一个圆盘上装上两把能绕盘中心 S 旋转的中间可以活动的尺子,将圆盘面垂直立于水中,水面到达圆心处。

实验方法:实验时转动两把尺子使之分别与入射光线和折射光线重合,然后把圆盘取出,分别按照尺的位置测出入射角和折射角。

实验结果:托勒密通过上述的方法测得从空气中射入水中的光线折射时的一系列对应值。

数据分析:托勒密通过对数据的分析,得出结论:折射角和入射角是成正比关系。今天我们知道这个结论是不正确的,它只有在入射角很小的情况下才近似成立。

留给我们的反思:从托勒密的实验设计实验方法到实验数据的收集可以说是完全正

确的，他的实验结果也相当精确，与现代值几乎没有多大的差别。但可惜的是托勒密未能从数据中发现正确的规律。从这里可看出，在正确的理论指导下处理实验数据对发现新规律非常重要。托勒密是第一个用实验方法测定入射角和折射角的人，他曾求出具有单位半径的圆中弧与所对应的弦长数字，并巧妙地用数学方法编制了表(相当于现代的正弦三角函数表)，他当时对折射角和入射角的测量是相当精确的，如果他当时把关于光折射的实验数据与他所编制的这份表作一比较的话，他就会不难发现入射角的正弦与折射角的正弦之比对给定的两种介质来说是一个常数，这样他就会发现折射定律，然而他却没有这样做，以致错过了一次发现的机会。

在分光计上还可以完成很多实验内容。可测量液体和平板玻璃的折射率，方法是全反射法和布儒斯特角法；可测量光栅常数及入射光的波长；还可以作薄透镜焦距的测定以及双棱镜干涉等实验。

【构思亮点与操作难点】

构思亮点：通过平行光管、载物台(三棱镜)、望远镜三部分的系统调节，来确定折射面所在的位置，从而得到准确的折射角，提高了测量的精度。载物台上的光学元件可置换，拓宽了该仪器的应用范围。

操作难点：

(1) 望远镜的主轴垂直于中心轴，这里采用的是自准直法及各半调节法。

(2) 仪器粗调不好，将看不到十字叉丝反射像。常用的方法有：①境外寻想法，即在望远镜目镜的外侧寻找反射像，并进行调节；②将载物台放到最低，是使望远镜光轴正对平面镜，调节载物台下的螺钉，找到十字叉丝反射像，转动载物台，使平面镜的另外一面正对望远镜，不需调节，在视野中即可看到反射像，再将载物台升高进行细调。

(3) 测量最小偏向角时，折射光线的寻找与跟踪，实验者可用眼睛直接观察。折射光线找到后，将望远镜移到眼睛处，即可在望远镜中看到折射光线。

【自主学习】

(1) 使分光计分划板叉丝清晰应该调节什么？要看清反射的“十”字又如何调节？

(2) 分光计为什么要设置两个读数游标？

(3) 本实验是否可以用汞灯作光源？对实验结果会有什么影响？

(4) 如何快速找到平面镜正反两面反射回来的十字叉丝像？写出调节方法。

(5) 针对本实验操作难点，摸索并掌握正确的调节方法。

【实验探究与设计】

尝试利用分光计设计并完成下面内容，写出实验方案，并完成实验。

(1) 测液体和平板玻璃折射率；

(2) 薄透镜焦距的测定；

(3) 双棱镜干涉。

附录 1

1. 视差产生的原因

在测量中经常要用到显微镜和望远镜，在实测过程中，有时在望远镜瞄准目标后，眼睛在目镜后上下左右少量的移动，会发现物像与分划板上十字叉丝有相对移动的现象，这种现象在测量学上称为视差。存在视差的原因是目标影像面与十字叉丝分划板面不相重合，如图 4-3-13 所示。图 4-3-13(a)及(b)为十字叉丝分划板未与成像面重合的情况，当观测者眼睛从 a、b、c 3 个不同的位置通过十字叉丝同一位置 O 点照准目标影像时，会看到 a'、b'、c' 3 个不同的部位，即目标影像随着观测者眼睛的移动而移动，则说明存在视差。图 4-3-13(c)成像面与十字丝划板面重合，无论从 a、b、c 还是其他任何部位通过十字丝同一位置照准目标影像时，目标影像的部位均不会改变，即目标影像不会随着眼睛的移动而移动，则说明没有视差现象。由此可见，视差对测量成果的精度很大，必须予以消除。

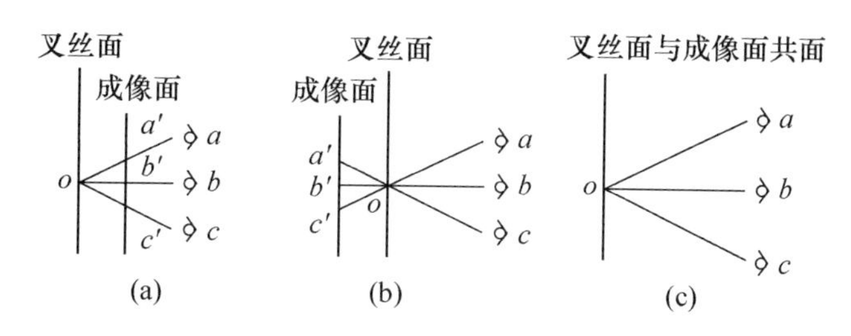

图 4-3-13 视差的形成

2. 消除视差的方法

由视差产生的原因可以看出，要消除视差的唯一办法是设法使成像面与十字丝分划板面重合。

分光计是大学物理实验中常见的仪器，它是自准望远镜，根据其结构特点可知，透光窗与分划板在同一水平面，若经平面镜反射后又经物镜聚焦的十字叉丝的像恰好位于分划板平面上，此时没有视差。若十字叉丝的像聚焦于分划板的前或后，都会产生视差。因此，对于自准望远镜来说，消除视差，应该先调节目镜，看清楚十字分划板，然后调节目镜和叉丝分划板套筒（一般来说，目镜和叉丝分划板固定在一起）看清楚十字叉丝的像，直到观察者的眼睛在目镜前，上下左右动，分划板上的叉丝和十字叉丝的像都不会有相对位移。这样，达到了消除视差的目的。

显微镜消除视差的方法同样是先调节目镜，看清楚分划板叉丝，再调节物距，使像和分划板处于同一平面，这样就不会差生视差。

当然，光学实验中还有许多其他类型的仪器需要消除视差，在这里不能逐一介绍。总之，视差的消除对于提高光学实验测量精度意义重大，需要我们不断摸索，不断提高观测水平。

实验四　牛顿环干涉测透镜曲率半径

干涉现象在科学研究和工业技术上有着广泛的应用，如测量光波波长，精确测量微小长度、厚度和角度，检验试件表面的光洁度，研究机械零件内应力的分布以及在半导体技术中测量硅片上氧化层的厚度等。“牛顿环”是一种典型的分振幅、等厚干涉现象，最早为牛顿所发现。通过它可以测量微小角度、长度的微小改变及检查加工元器件表面的质量等。

【实验目的】

(1) 进一步熟练使用读数显微镜；

(2) 掌握牛顿环测平凸透镜曲率半径的方法；

(3) 观察牛顿环的条纹特征，加深对等厚干涉原理的理解；

(4) 进一步学习用逐差法处理实验数据的方法。

【实验仪器】 牛顿环装置、读数显微镜、低压钠灯。

牛顿环装置是由曲率半径较大的平凸玻璃透镜和平板玻璃（平晶）叠合封装在金属框架中构成的，如图 4-4-1 所示。平凸透镜的凸面与平板玻璃之间形成一层空气薄膜，其厚度从中心接触点到边缘逐渐增加。框架上有 3 个螺钉，用来调节平凸透镜与平板玻璃之间的压力，即改变空气层的厚度，以改变牛顿环的形状和位置。调节螺钉时，不能过紧，以免接触压力过大引起凸透镜的弹性形变。读数显微镜的调节和使用可参见本章实验二。

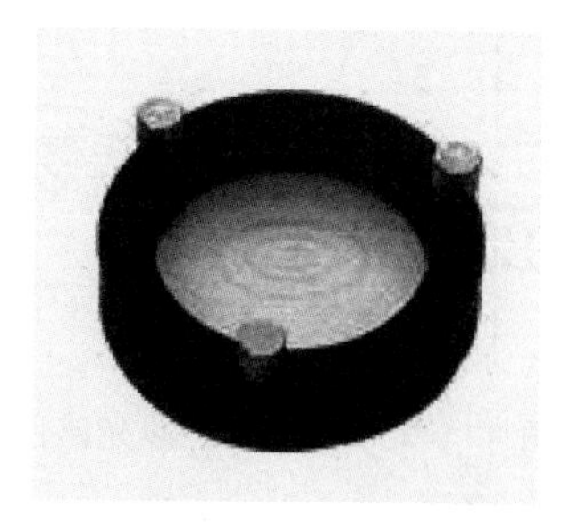

图 4-4-1　牛顿环装置

【实验原理】

当一束平行单色光垂直照射到牛顿环装置上，经平凸透镜与平行玻璃板间的空气层上、下表面反射，两束反射光将在空气层的上表面相遇，形成等厚干涉条纹。其干涉图样是以玻璃接触点为中心的一系列明暗相间的同心圆环，如图 4-4-2 所示，称为牛顿环。

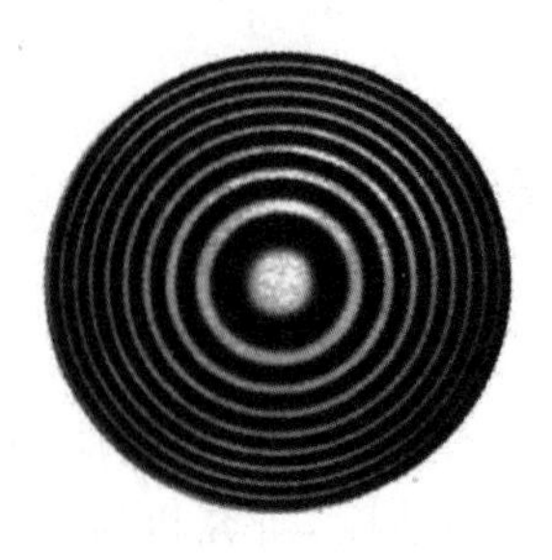

图 4-4-2 牛顿环干涉图样

由图 4-4-3 可见，设透镜的曲率半径为 R，与接触点 O 相距为 r 处空气层的厚度为 d，其几何关系式为

$$R^2=(R-d)^2+r^2 \tag{4-4-1}$$

由于 $R>>d$，略去 d^2 可得

$$d=\frac{r^2}{2R} \tag{4-4-2}$$

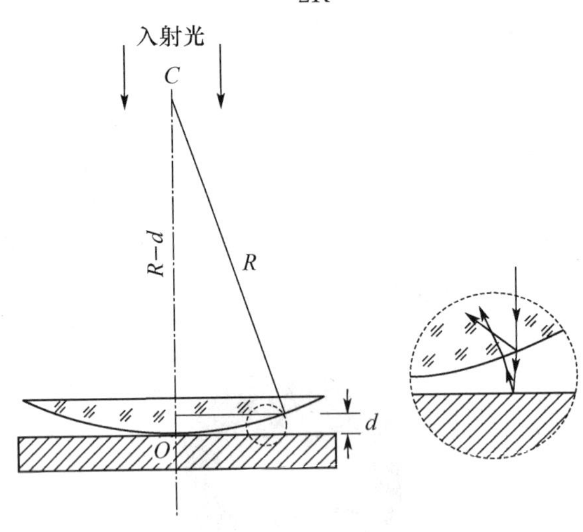

图 4-4-3 牛顿环干涉光路图

光线垂直入射，光波在平玻璃板上反射时（光密介质到光疏介质）会有半波损失，因此两束反射光的总程差为

$$\delta=2d+\frac{\lambda}{2} \tag{4-4-3}$$

干涉产生暗环的条件是

$$\delta=(2j+1)\frac{\lambda}{2} \qquad (j=0,1,2,3,\cdots) \tag{4-4-4}$$

其中，j 为干涉暗条纹的级数。将式(4-4-2)、式(4-4-3)及式(4-4-4)联立可得第 j 级暗环的半径为

$$r_j^2 = jR\lambda \tag{4-4-5}$$

由式(4-4-5)可知，如果单色光源的波长 λ 已知，测出第 j 级的暗环半径 r_j，即可得出平凸透镜的曲率半径 R；反之，如果 R 已知，测出 r_j 后，就可计算出入射单色光波的波长 λ。但是用此式测量的误差很大，原因在于凸面和平面不可能是理想的点接触，接触压力会引起局部形变，使接触处成为一个圆形平面，干涉环中心为一暗斑。如果接触点周围空气间隙层中有了尘埃，附加了光程差，干涉环中心可能为一亮(或暗)斑，并且无法确定环的几何中心。实际测量时，我们可以通过测量距中心较远的两个暗环的半径 r_m 和 r_n 的平方差来消除级次不确定的影响。因为

$$r_m^2 = mR\lambda \quad r_n^2 = nR\lambda \tag{4-4-6}$$

两式相减可得

$$r_m^2 - r_n^2 = R(m-n)\lambda \tag{4-4-7}$$

可见，曲率半径 R 只与两环的级次之差(环数差)有关，与具体级次无关。而

$$R = \frac{r_m^2 - r_n^2}{(m-n)\lambda} \tag{4-4-8}$$

可通过测量直径来消除无法确定牛顿环几何中心的影响，上式可改写为

$$R = \frac{D_m^2 - D_n^2}{4(m-n)\lambda} \tag{4-4-9}$$

由上式可知，只要测出 D_m 与 D_n(分别为第 m 与第 n 条暗环的直径)的值，就能算出 R 或 λ，并且避免了实验中条纹级数及牛顿环中心难于确定的困难。

【实验内容】

(1) 借助室内灯光，用眼睛直接观察牛顿环装置，调节牛顿环装置上的 3 个螺钉，使牛顿环中心大致位于装置的中心并呈圆环形。注意螺钉不能拧得过紧，以免使凸透镜变形。

(2) 将仪器按图 4-4-4 所示布置好，点亮钠灯，调节平板玻璃 G，使其与水平方向的夹角约为 45°，与光源 S 等高。由光源 S 发出的光照射到玻璃片 G 上，使一部分光由 G 反射进入牛顿环装置，用于产生牛顿环，另一部分透射进入显微镜中，使显微镜获得一个明亮的视野。用眼睛通过显微镜目镜进行观察，调节玻璃片 G 的高低及倾斜角度，使显微镜视场中能观察到黄色明亮的视场。

(3) 对读数显微镜的目镜进行调焦，使目镜中看到的叉丝最为清晰。将读数显微镜对准牛顿环的中心，上下移动镜筒，对干涉条纹进行调焦，使看到的环纹尽可能清晰，并与显微镜的测量叉丝之间无视差。测量时，将显微镜的叉丝调节成其中一根叉丝与显微镜的移动方向相垂直，移动时这根叉丝始终保持与干涉环纹相切，如图 4-4-5(a)所示。若

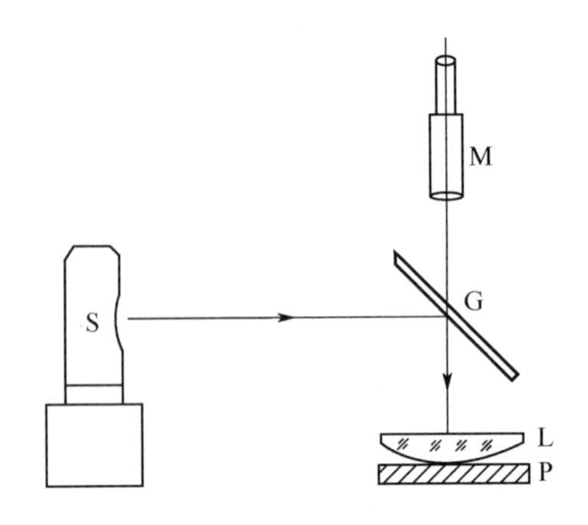

图 4-4-4　牛顿环干涉

叉丝的方向如图 4-4-5(b)所示,则测量将会产生较大的误差。

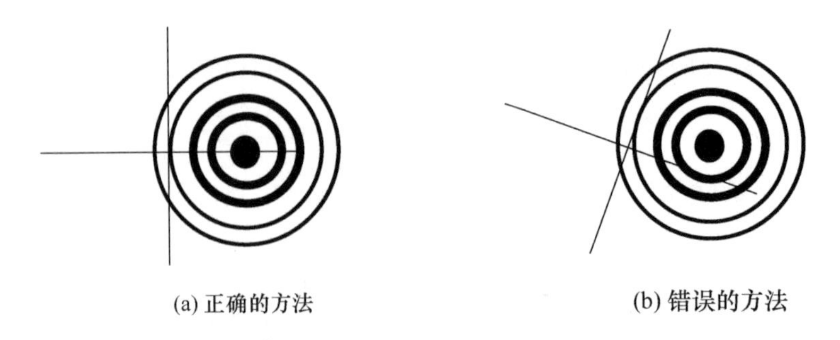

图 4-4-5　叉丝与牛顿环的相对位置

(4) 用读数显微镜测干涉图形圆环的半径:牛顿环中心条纹较宽,且有些模糊,因此测量时至少从第 5 环开始,为了提高测量精度及计算方便,$(m-n)$取 10,具体的测量方法如下:

旋转读数鼓轮使读数显微镜向左移动,从牛顿环中心开始向左数暗环的环数,数到 22 环(消除回程误差),反方向旋转读数鼓轮,从左 20 环(中心左侧)的位置开始记录显微镜的读数,记为 x_{20},继续向右数,使纵丝依次与第 19、18、17、16、10、9、8、7、6 等暗环外切,记录相应的位置 x_{19}、x_{18}、x_{17}、x_{16}、x_{10}、x_{9}、x_{8}、x_{7}、x_{6},继续向右数,转过牛顿环的中心,使纵丝依次与第 6～第 10 环、第 16～第 20 环等暗环内切,记录相应的位置,记为 x'_6、x'_7、x'_8、x'_9、x'_{10}、x'_{16}、x'_{17}、x'_{18}、x'_{19}、x'_{20}。在测量某一条纹的直径时,左侧测的是条纹的外切位置,右侧测条纹的内切位置,这两个位置之间的距离接近条纹的直径,减小了条纹宽度带来的误差。

注意:整个测量过程不能回旋,要始终沿着一个方向移动;竖直叉丝要与显微镜的移动方向垂直,并与每个暗环都相切。

(5) 先计算出各干涉圆环的直径,代入公式(4-4-9),再用逐差法计算出5组R值,求出$\overline{R}$,计算R的标准偏差。再由各干涉圆环的半径r_j和对应的j值,作出r_j^2-j的函数曲线,如图4-4-6所示。由公式(4-4-5)可知,$R\lambda$均为常数,r_j^2与j成正比例,比例系数(斜率)$k=R\lambda$,则$R=k/\lambda$。只要得到曲线的斜率,同样可以求得透镜的曲率半径。比较两种方法得到的透镜曲率半径的值,并对两种数据处理进行分析。

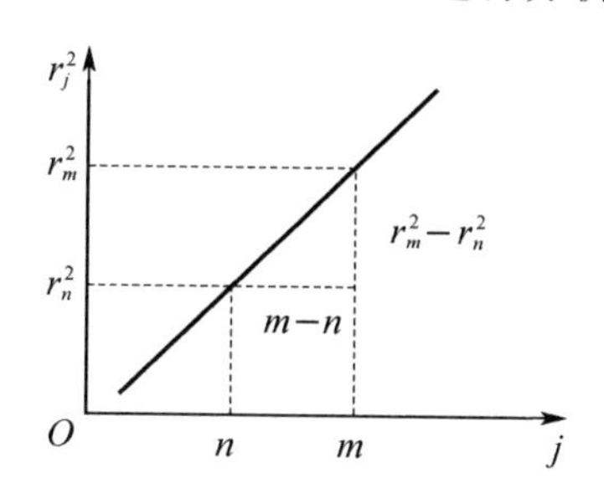

图4-4-6 r_j^2—j曲线图

(6) 取任意一组($D_m^2-D_n^2$),将求得的$\overline{R}$作为已知量代入公式(4-4-9),计算出光源的波长λ。计算出百分比误差,以检验仪器曲率半径测量数据的离散性。($\lambda=589.3$ nm)

【实验数据】

暗环级数	m	20	19	18	17	16
暗环位置/mm	左 x_m					
	右 x'_m					
暗环直径/mm	D_m					
暗环级数	n	10	9	8	7	6
暗环位置/mm	左 x_n					
	右 x'_n					
暗环直径/mm	D_n					
R/mm						
$\overline{R}$/mm						

结果:R=(±)mm

【注意事项】

(1) 牛顿环装置、透镜和显微镜的光学表面不清洁,要用专门的擦镜纸轻轻揩拭。

(2) 读数显微镜的测微鼓轮在测量过程中应向一个方向旋转,中途不能反转。

(3) 当用镜筒对待测物聚焦时,为防止损坏显微镜物镜,正确的调节方法是使镜筒移离待测物(提升镜筒)。

(4) 牛顿环装置上的 3 个螺钉不要拧得过紧,以免发生形变,严重时会损坏牛顿环装置。

【历史渊源与应用前景】

"牛顿环"是一种用分振幅方法实现的等厚干涉现象,最早为牛顿所发现。为了研究薄膜的颜色,牛顿曾经仔细研究过凸透镜和平面玻璃组成的实验装置。他的最有价值的成果是发现通过测量同心圆的半径就可算出凸透镜和平面玻璃板之间对应位置空气层的厚度;对应于亮环的空气层厚度与 1,3,5,… 成比例,对应于暗环的空气层厚度与 0,2,4,…成比例。牛顿虽然发现了牛顿环,并作了精确的定量测定,可以说已经走到了光的波动说的边缘,但由于过分偏爱他的微粒说,始终无法正确解释这个现象。直到 19 世纪初,英国科学家托马斯·杨用光的波动说完满地解释了牛顿环实验,并参考牛顿的测量结果计算了不同颜色的光波对应的波长和频率。牛顿环装置常用来检验光学元件表面的准确度。改变凸透镜和平板玻璃间的压力,能使其间空气薄膜的厚度发生微小变化,条纹就会移动,用此原理可以精确地测量微小位移。

【构思亮点和操作难点】

构思亮点:用标准的平板玻璃与平凸透镜叠合,考察其间隙形成的空气膜的干涉,因间隙填充的介质可变,故改装后可用干涉条纹测量不同气体和液体的折射率,还可以通过观察干涉条纹的形状精确检查凸面玻璃的光洁程度。

操作难点:寻找牛顿环干涉图样时,必须把牛顿环装置的中心置于物镜的正下方,边观察边缓慢升高物镜镜筒;测量牛顿环的直径时,要求从左向右沿着一个方向调节,叉丝务必与每一个圆环的径向相切。

【自主学习】

(1) 牛顿环干涉条纹形成在哪一个面上? 产生的条件是什么?

(2) 牛顿环干涉条纹的中心在什么情况下是暗的? 什么情况下是亮的?

(3) 分析牛顿环相邻暗(或亮)环之间的距离。

(4) 为什么说读数显微镜测量的是牛顿环的直径,而不是显微镜内被放大了的直径? 若改变显微镜的放大倍率,是否影响测量的结果?

(5) 如何用等厚干涉原理检验光学平面的表面质量? 写出实验原理并设计实验方案。

附录　1901—2015年诺贝尔物理学奖目录

1901年——X射线的发现，德国物理学家伦琴

1902年——塞曼效应的发现和研究，荷兰莱顿大学的洛伦兹和阿姆斯特丹大学的塞曼

1903年——放射形的发现和研究，法国物理学家亨利·贝克勒尔、皮埃尔·居里和玛丽·斯可罗夫斯卡·居里

1904年——氩的发现，英国皇家研究所的瑞利勋爵

1905年——阴极射线的研究，德国基尔大学的勒纳德

1906年——气体导电，英国剑桥大学的J.J.汤姆孙爵士

1907年——光学精密计量和光谱学研究，美国芝加哥大学的迈克耳孙

1908年——照片彩色重现，法国巴黎大学的李普曼

1909年——无线电报，英国伦敦马可尼无线电报公司的意大利物理学家马克尼和德国阿尔萨斯州特拉斯堡大学的布劳恩

1910年——气液状态方程，荷兰阿姆斯特丹大学的范德瓦尔斯

1911年——热辐射定律的发现，德国乌尔兹堡大学的维恩

1912年——航标灯自动调节器，瑞典德哥尔摩储气器公司的达伦

1913年——低温物质的特性，荷兰莱顿大学的昂尼斯

1914年——晶体的X射线衍射，德国法兰克福大学的劳厄

1915年——X射线晶体结构分析，英国伦敦大学的W.H.布拉格和他的儿子曼彻斯特维克托利亚大学的W.L.布拉格

1916年未授奖

1917年——元素的标识X辐射，英国爱丁堡大学的巴克拉

1918年——能量级的发现，德国柏林大学的普朗克

1919年——斯塔克效应的发现，德国格雷复斯瓦尔大学的斯塔克

1920年——合金的反常特性，舍夫勒国际计量局的吉洛姆

1921年——对理论物理学的贡献，德国柏林普朗克物理研究所的爱因斯坦

1922年——原子结构和原子光谱，丹麦哥本哈根的尼尔斯·玻尔

1923年——基本电荷和光电效应实验,美国加州理工学院的密立根

1924年——X射线光谱学,瑞典乌普沙拉大学的卡尔·西格班

1925年——弗兰克-赫兹实验,德国格丁根大学的弗兰克和哈雷大学的赫兹

1926年——物质结构的不连续性,法国巴黎索本大学的佩林

1927年——康普顿效应和威尔孙云室,美国芝加哥大学的康普顿、英国剑桥大学的威尔孙

1928年——热电子发射定律,英国伦敦大学的里查森

1929年——电子的波动性,法国巴黎索本大学的德布罗意

1930年——拉曼效应,印度加尔各答大学的拉曼

1931年未授奖

1932年——量子力学的创立,德国莱比锡大学的海森伯

1933年——原子理论的新形式,德国柏林大学的奥地利物理学家薛定谔和英国剑桥大学的狄拉克

1934年未授奖

1935年——中子的发现,英国利物浦的查德威克

1936年——宇宙辐射和正电子的发现,奥地利因斯布拉克大学的赫斯、美国加利福尼亚州帕萨迪那加州理工学院的安德森

1937年——电子衍射,美国贝尔电话实验室的戴维孙和英国伦敦大学的汤姆孙

1938年——中子辐照产生新放射性元素,意大利罗马的费米

1939年——回旋加速器的发明,美国加州大学的劳伦斯

1940—1942年未授奖

1943年——分子束方法和质子磁矩,美国卡内奇技术学院的德国物理学家斯特恩

1944年——原子核的磁特性,美国哥伦比亚大学的拉比

1945年——泡利不相容原理,美国普林斯顿大学的奥地利物理学家泡利

1946年——高压物理学,美国马萨诸塞州坎伯利基哈佛大学的布里奇曼

1947年——电离层的研究,英国林顿科学与工业研究部的阿普顿

1948年——云室方法的改进,英国曼彻斯特维克托利亚大学的布莱克特

1949年——预言介子的存在,日本东京帝国大学的汤川秀树

1950年——核乳胶的发明,英国布利斯托尔大学的鲍威尔

1951年——人工加速带电粒子,英国哈维尔原子能研究所的科克罗夫特和爱尔兰都柏林大学的瓦尔顿

1952年——核磁共振,美国斯坦福大学的布洛赫和哈佛大学的珀塞尔

1953年——相衬显微法,荷兰格罗宁根大学的塞尔尼克

1954年——波函数的统计解释和用符合法作出的发现,英国爱丁堡大学的德国物理

学家波恩、德国海得堡大学的博特

1955年——拉姆位移与电子磁矩,美国斯坦福大学的兰姆和哥伦比亚大学的库什

1956年——晶体管的发明,美国景山贝克曼仪器公司半导体实验室的肖克利、美国伊利诺斯大学的巴丁和美国谬勒海尔贝尔电话实验室的布拉坦

1957年——宇称守恒定律的破坏,美国普林斯顿高等研究所的杨振宁和美国哥伦比亚大学的李政道

1958年——切连科夫效应的发现和解释,前苏联莫斯科苏联科学院物理研究所的切连科夫、夫兰克和塔姆

1959年——反质子的发现,美国伯克立加州大学的西格雷和张伯伦

1960年——泡室的发明,美国伯克立加州大学的格拉塞

1961年——核子结构和穆斯堡尔效应,美国斯坦福大学的霍夫斯塔特、德国慕尼黑技术学院和美国帕萨迪那州理工学院

1962年——凝聚态理论,前苏联莫斯科苏联科学院的朗道

1963年——原子核理论和对称性原理,美国物理学家维格纳、美国物理学家迈耶夫人和德国物理学家延森

1964年——微波激射器和激光器的发明,美国麻省理工学院汤斯、前苏联莫斯科苏联科学院列别捷夫物理研究所的巴索夫和普罗霍罗夫

1965年——量子电动力学的发展,日本东京教育大学的朝永振一郎、美国坎布里奇哈佛大学的施温格和帕萨迪那加州理工学院的费因曼

1966年——光磁共振方法,法国巴黎大学高等师范学校的卡斯特勒

1967年——恒星能量的生成,美国康奈尔大学的贝特

1968年——共振态的发现,美国加利福尼亚州大学的阿尔瓦雷斯

1969年——基本粒子及其相互作用的分类,美国帕萨迪那加州理工学院的盖尔曼

1970年——磁流体动力学和新的磁性理论,瑞典斯德哥尔摩皇家技术研究院的阿尔文和法国格勒诺布尔大学的奈尔

1971年——全息术的发明,英国伦敦帝国科技学院的伽博

1972年——超导电性理论,美国乌尔班那德伊利诺斯大学的巴丁、美国普罗威顿斯布朗大学的库伯和美国宾夕法尼亚大学的施里弗

1973年——隧道现象和约瑟夫森效应的发现,美国约克城高地IBM瓦森研究室中心的江崎玲于奈和美国斯琴奈克塔迪通用电气公司的贾埃沃、英国剑桥大学的约瑟夫森

1974年——射电天文学的先驱性工作,英国剑桥大学的赖尔和休伊什

1975年——原子核理论,丹麦哥本哈根的尼尔斯·玻尔研究室阿格·玻尔和美国哥伦比亚大学的雷恩沃特

1976年——J/Ψ粒子的发现,美国斯坦福直线加速器中心的里克特和美国坎伯利基

麻省理工学院的丁肇中

1977年——电子结构理论,美国缪勒山贝尔实验室的安德森、英国剑桥大学的莫特和美国哈佛大学的范弗莱克

1978年——低温研究和宇宙背景辐射,前苏联莫斯科苏联科学院的卡皮查、美国霍姆德尔贝尔实验室德裔物理学家彭齐亚斯和R.威尔孙

1979年——弱电统一理论,美国坎伯利基哈佛大学的莱曼实验室的格拉肖、英国伦敦帝国科技学院的巴基斯坦物理学家萨拉姆和美国坎伯利基哈佛大学的温伯格

1980年——C-P破坏的发现,美国芝加哥大学的克罗宁和美国普林斯顿大学的菲奇

1981年——激光光谱学与电子能谱学,美国坎伯利基哈佛大学的布隆姆贝根和美国斯坦福大学的肖洛、瑞典乌普沙拉大学的西格班

1982年——相变理论,美国伊萨卡康奈尔大学的威尔孙

1983年——天体物理学的成就,美国芝加哥大学的钱德拉赛卡尔和帕萨迪那加州理工学院的福勒

1984年——$W^{\pm}$和Z^{0}粒子的发现,瑞士日内瓦欧洲核子研究中心的意大利物理学家鲁比亚和荷兰物理学家范德米尔

1985年——量子霍尔效应,德国斯图加特普朗克研究所的冯·克利青

1986年——电子显微镜与扫描隧道显微镜,德国柏林弗利兹-哈伯学院的鲁斯卡、瑞士宾尼希和瑞士物理学家罗雷尔

1987年诺贝尔物理学奖——高温超导电性,瑞士IBM研究实验室的德国物理学家柏诺兹和瑞士物理学家缪勒

1988年——中微子的研究,美国巴塔维亚费米国家加速器实验室的德莱曼、美国蒙顿维数字通信公司的施瓦茨和瑞士日内瓦欧洲核子研究中心的斯塔博格

1989年——原子钟和离子捕集技术,美国坎伯利基哈佛大学的拉姆齐、美国华盛顿大学的德默尔特和德国波恩大学的保罗

1990年——核子的深度非弹性散射,美国坎伯利基麻省理工学院的费里德曼、肯德尔和斯坦福大学的理查德·泰勒

1991年——液晶和聚合物,法国的德然纳

1992年——多斯正比室的发明,瑞士日内瓦欧洲核子研究中心的夏帕克

1993年——新型脉冲星,美国普林斯顿大学的赫尔斯和小约瑟夫·泰勒

1994年——中子谱学和中子衍射技术,加拿大马克马斯特大学的布洛克豪斯、美国麻省理工学院的沙尔

1995年——中微子和重轻子的发现,美国加州大学欧文分校的莱茵斯、斯坦福大学的佩尔

1996年——发现氦—3中的超流动性，美国康奈尔大学的戴维·李、斯坦福大学的奥谢罗夫和R.C.里查森

1997年——激光冷却和陷俘原子，美国斯坦福大学的朱棣文、法国法兰西学院的科恩—塔诺季

1998年——分数量子霍尔效应的发现，美国斯坦福大学的劳克林、哥伦比亚大学与贝尔实验室的施特默和普林斯顿大学电气工程系的崔琦

1999年——亚原子粒子之间电弱相互作用的量子结构，荷兰科学家杰拉尔杜斯·胡弗特和马丁努斯·韦尔特曼

2000年——半导体研究的突破性进展，俄罗斯圣彼得堡约飞物理技术学院的若尔斯阿尔费罗夫、美国加利福尼亚大学的赫伯特克勒默和德州仪器公司的杰克S.基尔比

2001年——玻色爱因斯坦冷凝态的研究，美国科罗拉多大学的埃里克·康奈尔、麻省理工学院的沃尔夫冈·克特勒和科罗拉多大学的卡尔·维曼

2002年——天体物理学领域的卓越贡献，美国科学家雷蒙德—戴维斯、日本科学家小柴昌俊和美国科学家里卡多—贾科尼

2003年——在超导体和超流体理论上作出的开创性贡献，美国阿尔贡国家实验室的阿列克谢·阿布里科索夫、莫斯科的莱伯多夫物理研究所维塔利·金茨堡和美国伊利诺斯大学的安东尼·莱格特

2004年——在夸克粒子理论方面所取得的成就，美国加利福尼亚大学圣巴巴拉分校的卡夫利、理论物理研究所所长戴维·格罗斯、加利福尼亚理工学院的戴维·波利泽和麻省理工学院的弗兰克·维尔泽克

2005年——对光学相干的量子理论的贡献和对基于激光的精密光谱学发展作出的贡献，美国哈佛大学的奥伊·格拉布尔、美国科罗拉多大学的约翰·哈尔和德国麦克斯—普朗克量子光学研究所研究员西奥多·汉什

2006年——黑体形态和宇宙微波背景辐射的扰动现象的发现，美国约翰·马瑟和乔治·斯穆特

2007年——“巨磁电阻”效应的发现，法国阿尔贝·费尔和德国彼得·格林贝格尔

2008年——在基本粒子夸克的研究上有突出成就，美国南部阳一郎、日本小林诚和益川敏英

2009年——光在纤维中的传输以用于光学通信及CCD图像传感器的发明所取得的成就，英国高琨、美国威拉德·博伊尔和乔治·史密斯

2010年——对石墨烯研究所取得的成就，英国曼彻斯特大学的安德烈·盖姆和康斯坦丁·诺沃肖罗夫

2011年——通过观测遥远超新星发现宇宙的加速膨胀，美国科学家萨尔·帕尔马特、布莱恩·施密特和亚当·里斯

2012 年——突破性的试验方法使得测量和操纵单个量子系统成为可能，法国科学家塞尔日·阿罗什与美国科学家大卫·维因兰德

2013 年——希格斯玻色子的理论预言，比利时物理学家弗朗索瓦·恩格勒特和英国物理学家彼得·希格斯

2014 年——蓝色发光二极管的发明，日本名古屋大学的赤崎勇，天野浩以及美国加州大学圣巴巴拉分校的中村修二

2015 年——中微子振荡的发现，日本梶田隆章和加拿大阿瑟·麦克唐纳